黄大刚 刘毅平 朱连津 编著

电路基础实验

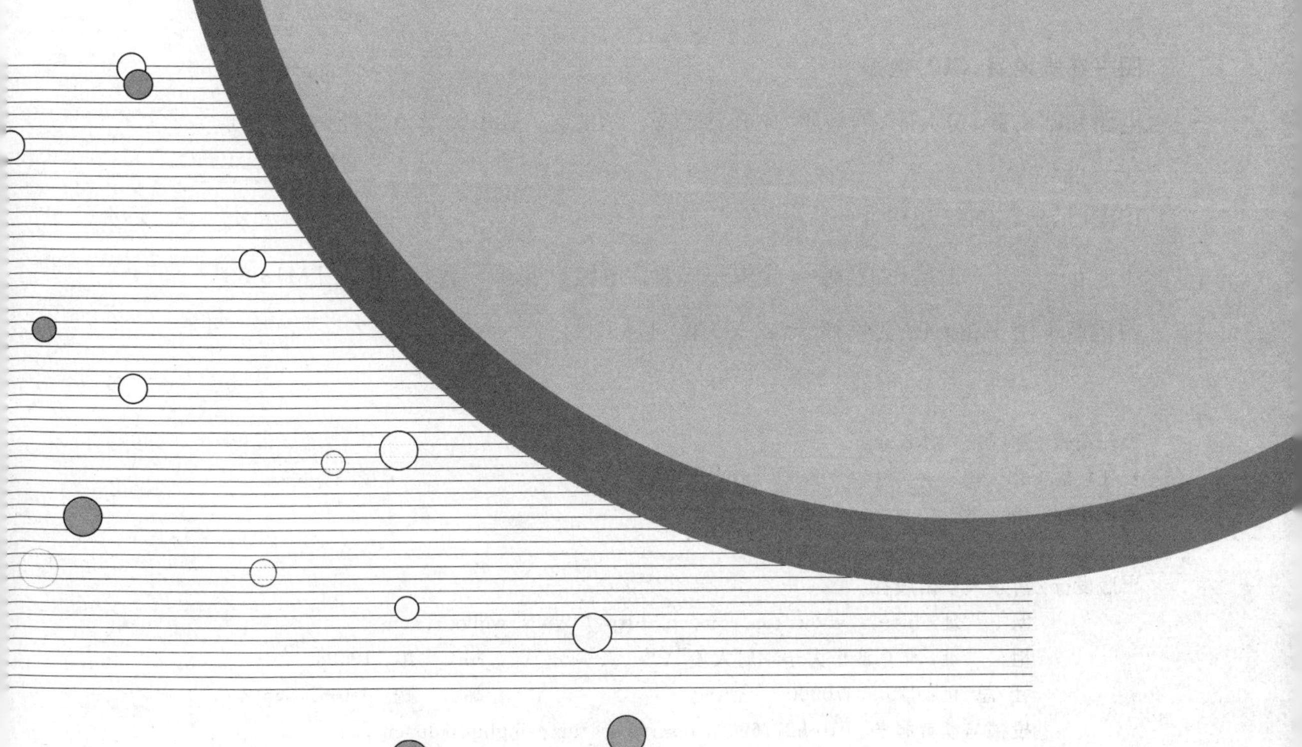

清華大學出版社
北 京

内容简介

本书为电路基础实验教材。全书分为两部分：第一部分为电路实验基础知识，第二部分为电路实验。第一部分包括3章。首先重点介绍学习电路实验课的意义、常识，并对学生提出基本要求；然后论述电路实验的预备知识；继而介绍电路实验中常用的几种仪器，讨论仪器的基本性能和基本操作方法。第二部分包括42个实验，可供不同专业根据教学实际需求选用。每个实验都包括两部分内容，前面是必做的验证性实验，后面是选做的设计性实验。

本书实用性较强，可供各类高等院校作为低年级理工科学生电路基础课程的实验教材。

图书在版编目(CIP)数据

电路基础实验/黄大刚，刘毅平，朱连津编著. —北京：清华大学出版社，2008.11
(2023.7重印)

ISBN 978-7-302-17319-9

Ⅰ. 电… Ⅱ. ①黄… ②刘… ③朱… Ⅲ. 电路－实验－教材 Ⅳ. TM13-33

中国版本图书馆CIP数据核字(2008)第047681号

责任编辑：陈国新　孙建春
责任校对：梁　毅
责任印制：杨　艳

出版发行：清华大学出版社
网　　址：http://www.tup.com.cn，http://www.wqbook.com
地　　址：北京清华大学学研大厦A座　　**邮　　编**：100084
社 总 机：010-83470000　　**邮　　购**：010-62786544
投稿与读者服务：010-62776969，c-service@tup.tsinghua.edu.cn
质量反馈：010-62772015，zhiliang@tup.tsinghua.edu.cn
印 装 者：北京国马印刷厂
经　　销：全国新华书店
开　　本：185mm×260mm　　**印　张** 13.5　　**字　　数**：336千字
附光盘1张
版　　次：2008年11月第1版　　**印　　次**：2023年7月第4次印刷
印　　数：5501～6000
定　　价：45.00元

产品编号：022279-02

目录

第一部分　电路实验基础知识

第二部分 电路实验

电路实验基础知识

第1章 绪 论

1.1 学习本课程的意义和本教材的特点

1.1.1 学习本课程的意义

电路基础实验是一门独立的基础实验课程，其主要任务是使学生在学习电子电路方面的理论课程之后，通过实验加深对所学概念、理论、分析方法的理解，学习一些基本的实验方法，掌握电路实验的基本技能，提高运用所学理论独立分析和解决实际问题的能力，培养安全用电的意识，养成良好的实验习惯，为后续课程的学习、毕业设计，乃至毕业后的科研和工作奠定坚实的基础。

1.1.2 本教材的特点

1. 适合不同层次的学生使用

每个实验都分成两部分。前面是验证性实验，也是必做实验，给出具体的方法和步骤；后面是选做实验，需要由学生自己设计实验方案，供实验能力强、预习充分的学生选用。

2. 内容丰富

本书精选42个实验，供不同专业根据自己的需要选用。其中一部分是经典实验，是从相关参考书中选编、改写到本书的；另一部分是新增实验，还需要在教学实践中不断改进和完善。

本书实验内容的总课时远远超出规定的课时，指导教师可以根据实际情况将本书划分为若干单元，根据其难易程度给出每个实验的分值，供学生选做。

3. 注重通用性

尽量选用通用器材，每个实验中的实验仪器和器材都没有给出具体型号，学生填写实验报告时应按照实际使用的仪器和器材注明详细名称、规格、型号、数量、参数等；实验内容和实验方法尽可能与理论课中的基本概念、经典理论、通用公式相关。

1.2 安全用电常识

随着科学技术的飞速发展，种类繁多的电气设备和家用电器得到越来越广泛的应用。电给人类带来便利，在加快人们生活和工作节奏的同时，也给人类带来了用电安全问题。了解用电安全常识，是安全用电的前提。安全用电包括人身安全、用电设备安全和供电系统安全，其中供电系统安全问题属于专业性比较强的问题，不在本书讨论的范围之内。

1.2.1 人身安全

1. 人体触电

人体触及带电体，流过人体的电流造成人体受伤或死亡的现象为人体触电。根据人体受伤害的程度，可将触电分为电击和电伤。

当人体触电后，流过人体的电流使人的内部器官受到伤害时，称为电击。如果触电者不能迅速摆脱带电体，则有可能造成死亡事故。

电弧产生强光，会对人眼产生伤害；电弧产生的高温会灼伤皮肤；电弧或瞬时的大电流会使金属迅速熔化，飞溅的金属颗粒会烫伤人眼或皮肤。这些因用电造成人体体表器官的局部伤害称为电伤。

2. 安全电压

发生触电事故时，人体受伤害的程度与人体触电部位、触电时间、电流大小、频率、触电者的身体情况等因素有关。超过 100mA 的电流流过心脏或中枢神经系统时，会在短时间内使人的心脏停止跳动。低频电流比高频电流对人体伤害严重。

人体电阻通常为 1～100kΩ，在出汗或潮湿环境中，会降到几百欧。大量实验证明，人体接触 36V 以下的电压时，流过人体的电流不超过 50mA。因此规定在一般工作环境中，安全电压为 36V；在空气潮湿、地面导电的环境中，安全电压为 24V；在空气潮湿、有导电粉尘的环境中，安全电压为 12V；在恶劣环境中的安全电压为 6V。

3. 触电形式

常见的触电形式有单线触电、双线触电和跨步触电。

人体某一部位接触带电体，电流通过人体流入大地，这种触电形式通常称为单线触电。最为常见的是单手接触相线，加在人体的电压是 220V，电流流过心脏，很容易造成触电死亡事故。

当人体的不同部位分别接触同一电源的两条不同电压或不同相位的导线时，电流从一条导线经过人体流到另一条导线，这种触电形式称为双线触电。最常见的是双手分别接触两条相线，380V 电压加在两手之间，大部分电流经过心脏，心脏将很快停止跳动。

当高压电线接触地面时，在地面的一定范围内产生电压降。人在此区域行走时，两脚之间存在一定的电压，这一电压称为跨步电压。人体距离高压电线接地点越近，跨步电压越大。

如果遇到高压电线掉落，应停止行走，双脚并拢跳跃，尽快远离危险区。

4. 触电急救

遇到有人触电，应及时实施正确的救助，最大限度地挽救生命。

(1) 迅速切断电源或按下急停开关。在无法切断电源的情况下,必须用绝缘物体挑开有电的导体。

(2) 拨打120急救电话,同时将触电者抬到通风处静卧。

(3) 对于呼吸和心跳异常的触电者,必须实施人工呼吸。具体方法为:使触电者仰卧,鼻孔向上,头后仰,保持呼吸道通畅;松开衣扣,减小呼吸的阻力;捏住鼻孔,口对口吹气;放开鼻孔,做胸外挤压。人工呼吸和胸外挤压交替进行。

1.2.2 用电设备安全

为了确保用电设备正常运转,必须按设备工作要求供电。

(1) 合理使用导线。导线的额定电流与导线截面(有效横截面积)、材料、绝缘层、使用环境等有关。额定电流过大,浪费材料,施工困难;额定电流小于实际工作电流,导线发热,有引发火灾的危险。具体选用哪种导线,可以查阅电工手册。

(2) 合理使用熔断体。为了确保电路安全,在电路中串联熔断体,当工作电流超过熔断体的额定电流时,熔断体发热、熔断,对电路起保护作用。最常见的熔断体是保险丝。选用熔断体时,需要了解额定电流。若熔断体的额定电流过大,对电路起不到保护作用;若熔断体的额定电流过小,熔断体会在电路正常工作时熔断,使电路无法正常工作。因此,必须合理选用熔断体。

(3) 正确使用电源。一般民用电器的额定工作电压是220V,动力电的额定工作电压是380V;机床上的照明电压为36V,有些进口设备的供电电压按本国的民用电网电压设计为110V,使用前一定要选择正确的供电电压。应注意,有些小电器使用安全电压或更低的电压供电,有的电器用交流电源,有的电器用直流电源,不能用错!

(4) 正确接线。应严格按使用说明书接线,保护绝缘层,防止漏电,按规定将设备外壳接保护地,不允许用接零代替接保护地。如有必要,可以根据实际情况在电源部分安装漏电保护器、过流保护器、过压保护器、欠压保护器等。

(5) 照明开关的正确连接。照明开关一定与相线连接,关闭照明开关后不允许光源带电。

1.3 安全操作规程

本课程中的一些实验将使用非安全电压,如果人体接触非安全电压后有可能危及生命。学生作为初学者,对仪器、实验台、元器件的性能都不熟悉,必须严格遵守以下安全操作规程。

(1) 严禁随意合闸。随意合闸后有可能危及操作者本人和他人的生命,有可能损坏实验仪器或元器件,所以,必须按要求合闸。

(2) 严禁带电操作。接线、改线、拆线前必须切断电源。

(3) 必须按规定使用导线。使用非安全电压做实验时,必须用安全导线。

(4) 检查无误后方可通电。初次接线或改动线路后,必须自检、互检,确保电路连接正确后再通电。

(5) 发现异常，立即断电。通电后应随时监视仪器和电路的工作状况，一旦发现异常声音、异常气味、元件温度异常等情况，必须立即切断实验台总开关，并找出产生异常的原因。

(6) 通电时不得用手或导电物体接触电路中的裸露金属部分。

(7) 不得私自打开、更换实验台上的熔断器(保险)。

(8) 养成单手操作的习惯。防止误操作或开关发生故障时发生触电事故。

(9) 电路中不允许留下悬空的线头。一定要选用足够长的导线连接电路。

(10) 同组同学相互监督。一旦发生违章操作的事故，同组的每一个人都有责任。

(11) 一旦发现有人触电，应立即切断电源。若无法切断电源，必须用绝缘工具断开带电的导线，防止发生二次触电事故。

(12) 保持实验台整洁。实验台上不允许放置与实验无关的水杯、书包、钥匙、手机等物品。

(13) 不要在实验台附近饮水，不要在实验室内进食。

(14) 不要在实验室喧哗。

(15) 关闭移动通信工具。

(16) 电流表和功率表的电流线圈必须与负载串联，用万用表测量电阻前必须切断所有的电源。

(17) 先用大量程测量。测量前难以确定被测量的范围时，必须先将测量仪表调到最大量程，然后再根据初测结果选用合适的量程。

(18) 发现紧急情况，按下急停开关。按下急停开关后，将立即切断实验室的总电源，所有实验台都停电，因此，只允许在紧急情况下按下急停开关。

1.4 学生实验守则

为了在实验中培养学生良好的习惯，使每一个学生都自觉用严谨、科学的态度对待每一个实验数据，同时确保人身和设备安全，特制定本实验守则。

(1) 课前认真预习，明确实验目的，正确理解实验原理，熟悉实验步骤，了解实验仪器的使用方法和注意事项。

(2) 按时出勤，遇到特殊情况应在课前请假，并在事后及时找指导教师预约补做实验的时间。

(3) 课上按要求连接电路，检查无误后，方可通电观察和测量。

(4) 正确记录实验结果，包括所用仪器的名称、规格、型号、实验现象、数据、单位、误差、实验过程中出现的故障及排除故障的方法等。

(5) 严格按照安全操作规程操作。

(6) 接通电源后，若发现有冒烟、元件发烫、焦糊气味等异常现象，应立即关断电源，保护现场，报告指导教师，待查明原因并妥善处理后，经指导教师同意后方可继续进行实验。

(7) 仔细观察实验现象，并用所学的理论知识作出合理的解释。

(8) 遇到自己无法理解的实验现象，要及时同指导教师共同探讨。

(9) 完成实验后，立即切断实验台的总开关，整理好实验器材，包括将实验仪器和元器件放回原处，按要求将仪器上的旋钮和按钮调整到规定的位置，按相同颜色和规格将导线分类整理，搞好本实验台及附近的卫生，方可离开实验室。

(10) 各组使用自己实验台上的器材，未经指导教师允许，不得互相借用。

(11) 保持实验台整洁，不得在实验台面板或仪器面板上做标记。

(12) 不在实验室进食，保持实验环境整洁。

(13) 课后独立、认真、如实地填写实验报告，不得编造、修改原始数据。

(14) 按规定时间认真完成并提交实验报告。

(15) 只在规定区域进行实验，严禁乱搬乱动与本次实验无关的仪器。

(16) 遇到意外情况，听从指导教师的指挥。

第2章 预备知识

2.1 测量的基本概念

实验离不开测量，测量不可避免地存在误差。为了得到准确的实验结果，必须首先了解有关测量的基本概念，理解误差的含义、来源、分类、表示方法和处理方法，这样才能根据具体情况找出减小误差的实验方法，从而提高实验数据的精度。

1. 测量

测量是将未知物理量与作为标准单位的物理量进行比较，得到二者倍率关系的过程。例如，某未知电压与作为标准电压的1V电压比较，未知电压是标准电压的12.3倍，则被测的未知电压就是12.3V。

2. 被测量

被测量就是被测量的量。

3. 量值

一个物理量的量值包括数值和计量单位。例如，1.23mA其数值是1.23，计量单位是mA。

4. 真值

一个物理量本身的、客观存在的量值。

5. 测量值

用某种测量方法，通过测量仪器获得物理量的量值称为测量值。测量值的大小与测量方法、测量仪器、测量者有关。

6. 误差

一个物理量的测量值与其真值之差称为绝对误差。绝对误差与真值之比定义为相对误差。真值是客观存在的。由于测量过程中不可避免地存在测量误差，所以，真值永远不可能得到。相对误差通常是用绝对误差与理论值之比或绝对误差与测量值之比得出的近似结果。

7. 额定值

额定值是制造者为设备或仪器规定工作条件后，某物理量的指定量值。例如，普通白炽灯的额定工作电压是220V，某仪器在220V供电电压下的额定功率是25W等。

8. 读数和示值

在仪器刻度盘或显示器上直接读到的示值是测量仪器的指示值或记录值，示值包括读数和单位。

例如，某电流表满刻度值是 100mA，分为 100 等分(即 100 分度)，若指针指在中间位置，则读数为 50，即示值为 50mA。

2.2 误差来源、分类及减小误差的途径

测量中产生误差是必然的。实践证明，根据实际情况将误差分类，找出其规律，就有可能减小误差。

2.2.1 误差来源

1. 方法误差

由于测量方法不完善、物理模型或计算公式存在某些近似、使用的经验公式与实际情况存在某种程度的偏差等，造成测量结果与真值不吻合，这类误差称为方法误差。

例如，用伏安法测量某元件的电阻值，有电流表外接法和电流表内接法之分，如图 1-2-1 所示。用电流表外接法测量得到的电流是通过被测元件的电流和通过电压表的电流之和，而并不仅仅是流过被测元件的电流，因此，测量电流值的结果偏大，计算出来的电阻偏小；用电流表内接法测量时，得到的电压是降在被测元件上的电压与降在电流表上的电压之和，电压值永远大于被测元件两端的电压，因此，电阻的测量结果偏大。

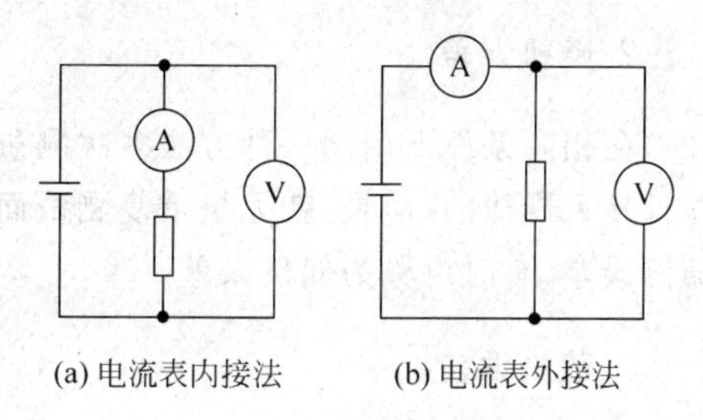

图 1-2-1 伏安法测量电阻的两种方法

2. 仪器误差

仪器误差是仪器本身不完善产生的测量误差。

例如，用示波器测量某信号的电压峰峰值，由于示波器探头衰减倍率存在误差，致使测量值产生误差，而且误差的大小和方向都可以找到规律。

3. 使用误差

使用误差指在测量过程中因操作不当或人为因素引起的误差。

例如，在使用指针式功率表测量功率时，按设计要求，功率表应该水平放置，但放置功率表的桌面往往与水平面存在一定的夹角，从而使测量结果产生误差。

4. 环境的影响

电磁干扰、振动、加速度、温度、湿度、气压、辐射等都有可能影响测量结果。

例如,在强电磁干扰的环境中用示波器测量某信号,可以明显地看到扫描线变粗的现象。

2.2.2 误差分类

误差的分类方法有多种。电路实验中经常按误差的性质分类,可分为系统误差、随机误差和疏失误差。

1. 系统误差

在相同条件下用同一方法多次测量同一个物理量,误差的大小和符号保持不变,或在测试条件发生变化时,误差按一定规律变化,这种误差称为系统误差。

方法误差、仪器误差和使用误差都有可能是系统误差。

由于系统误差遵循某种确定的规律,一般可以通过进一步的实验或分析找出规律,采取相应的措施,减小或消除系统误差。

例如,通过长导线测量安装在远方的线性电阻,所有测量值都偏大一个固定的数值。测量长导线的电阻后发现,导线的电阻是影响测量结果的主要因素。解决的方法是,用伏安法测量一组数据,根据线性电阻的伏安特性曲线是一条直线并通过原点的特性,将测量值在 u-i 平面内拟合成直线,若该直线不通过原点,则说明存在系统误差,可以将该直线平移,使之通过原点,再通过修正后的伏安特性曲线确定被测电阻。

2. 随机误差

在相同条件下用同一种方法多次测量同一个物理量,每次测量值的大小和符号不确定,并且是无规律的,但是,就大量重复测量而言,误差又是服从某种统计规律的,这类误差称为随机误差,有时也称为偶然误差。

3. 疏失误差

在相同条件下用同一种方法多次测量同一个物理量,个别测量结果明显远离其他测量结果,就个别测量结果而言,表现为偶然性,就整体测量结果而言,不符合任何统计规律,从误差来源分析,源于读数或记录数据时的疏失,因此称为疏失误差,有时也称为粗大误差。

2.2.3 对不同误差的描述

为了更方便地表述测量结果的特性,引入与误差相关的 3 个概念,即准确度、精密度和精确度。

1. 准确度

在一定条件下,用相同的测量方法对某一物理量进行多次测量,其结果与真值之间的差异程度称为测量的准确度。准确度通常取决于系统误差的大小,用系统误差的界线 Δx 与测量值 x 的比值来度量,$\frac{\Delta x}{x}$越小,准确度越高。

2. 精密度

在一定条件下，用相同的测量方法对某一物理量进行多次测量，所有结果的接近程度或测量值的起伏程度，称为测量的精密度。精密度通常取决于随机误差的大小，疏失误差对精密度也有影响，用绝对平均误差$|\overline{\Delta x}|$来量度，$|\overline{\Delta x}|$越小，精密度越高。

3. 精确度

精密度是综合评定误差大小的概念。准确度和精密度都高时，才称精确度高，其他情况精确度都不高。

以打靶为例，可以形象地阐明三者之间及其与误差概念的关系。

靶心是每个射击者射击的目标，视为真值。每次射击的结果视为一次测量，4个射手的射击结果如图1-2-2所示，图1-2-2(a)表明10发子弹都射中10环以内，准确度和精密度都很高，可以认为精确度很高，系统误差、随机误差都很小，没有出现疏失误差；图1-2-2(b)表明10发子弹中靶位置比较集中，精密度比较高，随机误差小，没有疏失误差，但偏离了靶心，准确度不高，存在一定的系统误差，所以精确度也不高；图1-2-2(c)表明10发子弹中靶位置比较分散，随机误差大，精密度低，但中靶位置都围绕靶心，系统误差小，准确度高，也没有出现疏失误差，精确度不高；图1-2-2(d)表明9发子弹中靶位置比较集中，但偏离靶心，存在系统误差，准确度不高，1发脱靶，出现了疏失误差，对精密度有影响，精确度低。

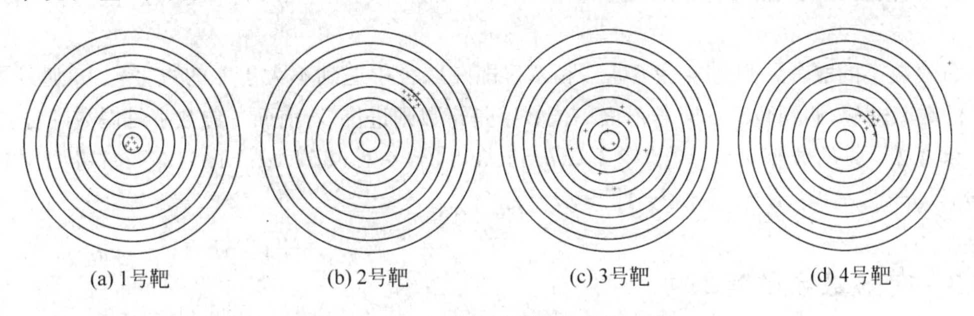

图1-2-2 以打靶为例阐明有关概念

2.2.4 减小误差的主要途径

系统误差是由于测量仪器的偏差或测量方法不完善等原因造成的，系统误差的特点是误差的大小和符号在一定范围内不变，能找到误差的规律，可以根据具体情况通过某种方法进行修正。

从每次测量的数据看，随机误差的数值和符号都是无规律的，但从大量相同条件的重复测量结果看，又是服从某种统计规律的，通常在多次测量后，用某种统计平均的方法减小或消除随机误差。

疏失误差既不具备系统误差的特点，也不遵从统计规律，其测量值往往与平均值相距甚远，一旦确认某测量值的误差属于疏失误差，则应剔除或重新测量。

2.3 有效数字和误差的表示方法

从任何实验中得到的测量数据都存在误差，本节讨论实验数据的表示方法和运算方法。

2.3.1 有效数字

所有测量值都是近似值。通常根据测量值与真值的近似程度，用若干位可靠数字和一位欠准数字(也称为存疑数字)构成有效数字。在测量值中，左起第一个不为零的数字及右面所有的数字均为有效数字。

为书写方便，可以将有效数字写成指数形式，有效数字的位数与有效数字的书写形式、小数点的位置均无关。

例 2-1 $0.000\,136=1.36\times10^{-4}$

有效数字的位数与小数点的位置无关。

$0.25\underline{8}$，$10.\underline{6}$，$0.000\,11\underline{2}$，$12\underline{3}$，$3.1\underline{4}$，$2.9\underline{9}\times10^{10}$，$1.3\underline{6}\times10^{-4}$都有3位有效数字，其中带下划线的数字是存疑数字。

2.3.2 有效数字的取舍原则

有效数字的取舍原则为“4舍6入5留双”，即在取舍中遇到不大于4的数字舍去，遇到不小于6的数字进位，遇到数字5时若前面一位数字是奇数则进位，若前面一位数字是偶数则舍去。

例 2-2 原始数据为 $a=0.012\,300$，$b=1.398\,9$，$c=1.355\,5$，$d=1.345\,5$，保留3位有效数字后，$a=0.012\,3$，$b=1.40$，$c=1.36$，$d=1.34$。

2.3.3 有效数字的运算

有效数字运算的原则：准确数字与准确数字之和为准确数字，欠准数字与任何数字相加，其和为欠准数字。

1. 加减运算

直接运算后按取舍原则保留一位存疑数字。

例 2-3 $a=12.35$，$b=106.709$，$c=1.21\times10^{-2}$，$d=2.007\,8\times10^{2}$，将这4个数字做加法运算，即

$$\begin{array}{r}
12.3\underline{5}\\
106.70\underline{9}\\
0.012\underline{1}\\
+200.7\underline{8}\\
\hline
319.8\underline{511}
\end{array}$$

相加后出现了3位存疑数字，舍去最后2位，得到 $a+b+c+d=319.85$

例 2-4　$a=108.56\times10^3$，$b=0.125\times10^6$，求和，即

$$
\begin{array}{r}
108.5\underline{6}\times10^3 \\
+\ 12\underline{5}\quad\ \ \times10^3 \\
\hline
23\underline{3}.5\underline{6}\times10^3
\end{array}
$$

保留最高位的一位存疑数字，则 $a+b=234\times10^3$。

2. 乘除运算

运算结果的有效数字位数与参加运算各数值中有效数字位数最少者相同。

例 2-5　$12.\underline{0}\times0.1\underline{2}=1.\underline{4}$

3. 对数运算

取对数前后的有效数字位数相等。

例 2-6　$\ln10.\underline{5}=2.3\underline{5}$

2.3.4　采样点的选取

1. 通过实验确定特征点

在实验中，经常要研究一个物理量随另一个物理量变化的关系，将两个物理量之间的关系在平面坐标系中绘制成曲线，曲线上就会出现一些特殊的点，如最大值、最小值、拐点等，这些点通常称为特征点，一个特征点表征一个特定的状态，在取样时通常要准确地找出这些点。例如，做 RLC 串联谐振实验时，可通过改变频率找出电压的最大值，确定并记录谐振频率和谐振电压。

2. 在规定的范围内采样

超出规定范围的采样点没有意义。例如，测量6V小灯泡灯丝的伏安特性时，必须在额定电压范围内测量；否则，将电压升高到6V以上，不仅测量值没有意义，还会加速灯丝的蒸发速率，甚至烧断灯丝。

3. 选择合理的采样间隔

一般在被测量变化剧烈的区间采样点应密集一些，在被测量变化缓慢的区间采样点可稀疏一些。

2.3.5　测量次数的确定

1. 单次测量

当多次重复测量的读数起伏不超过仪器的最小分度值时，可采用单次测量。此时的测量误差主要取决于仪器的误差。在电学指针式仪表中，多以满刻度相对误差表示仪表的误

差，即以仪表的最大绝对误差与仪表的满刻度值比值的百分数表示。例如，1.5级电流表的最大量限为100mA，则其最大误差为仪表满刻度的1.5%，即 $\Delta I=100\times1.5\%=1.5\text{mA}$。其他测量仪器的误差多以最小分度的一半作为仪器的误差。

2. 多次测量

凡是多次重复测量的读数起伏超过仪器的最小分度值，并显示随机误差的特性，根据实验精度要求，可进行多次测量。

2.3.6 误差的表示方法

有些物理量可以直接测量；有些物理量则不能直接测量或很难直接测量，这时往往先测量一些相关的物理量，然后再用这些测量值计算待测物理量，这种方法称为间接测量。

1. 直接测量

单次测量结果 y 用测量值 x 和仪器误差 Δx 之和表示，即

$$y=x\pm\Delta x$$

多次测量结果 y 用 n 次测量值的平均 $\bar{x}$ 与平均误差 $\Delta\bar{x}$ 之和表示，即

$$y=\bar{x}\pm\Delta\bar{x}$$

其中 $\bar{x}=\dfrac{\sum_{i=1}^{n}x_i}{n}$，$\Delta\bar{x}=\dfrac{\sum_{i=1}^{n}|x_i-\bar{x}|}{n}$，$x_i$ 为第 i 次测量值。

2. 间接测量

设待测量为 y，相关可直接测量的 n 个量为 $x_i(i=1,2,\cdots,n)$，函数关系为

$$y=f(x_1,x_2,\cdots,x_n)$$

则测量后的计算结果为

$$\bar{y}=f(\bar{x}_1,\bar{x}_2,\cdots,\bar{x}_n)\pm\left(\sum_{i=1}^{n}\frac{\partial f(\bar{x}_1,\bar{x}_2,\cdots,\bar{x}_n)}{\partial\bar{x}_i}\Delta\bar{x}_i\right)$$

2.4 实验数据处理与运算

在实验中通过测量得到原始实验数据，经过分析、整理、计算、对比等工作，得到最终测量结果，或验证定律、定理，或发现新的规律，这个过程称为数据处理。

2.4.1 原始数据的记录

原始数据包括测量仪表的显示值、仪表的量程、分格常数、单位、误差、测量条件等。

按显示方式分类，可将测量仪表分为指针式仪表和数字式仪表。

1. 用指针表测量

用指针表测量涉及量程选择、读数方法、示值换算和测量误差等问题。

(1) 量程选择

为扩大测量量限范围，同时尽可能提高测量精度，多数指针表设有多量程开关。选择量程时，应在指针不超出量限的前提下，使指针尽量接近满刻度，减小测量误差。

(2) 读数方法

按指示值读数并记录，读到最小分度后再估计1位。例如，某表盘的分度是100格，指针指向68格与69格中间的位置，准确数字为2位，再估读1位，应记录68.5格，最后1位是欠准数字。

由于指针要在表盘上自由摆动，指针不能直接与表盘面接触。如果人眼的观察方向与表盘不垂直，必然产生读数误差。为消除这一误差，有些表盘上安装了平面反光镜，读数时应看到表针与镜子里面指针的像重合。

(3) 示值换算

表盘上每格对应被测量的大小称为仪表常数或分格常数C，定义为仪表量程x与表盘满刻度格数a之比，即

$$C = x/a$$

显然，即使对于同一仪表，不同量程对应的分格常数也不会完全相同。

仪表读数对应被测量的测量值称为示值。示值等于读数与仪表常数的乘积。

(4) 测量误差

电学仪表上一般标有精度等级，精度等级决定测量误差，误差是实验数据中必不可少的一部分。

2. 用数字表测量

用数字表测量有读数简单的优点。示值和单位都在显示器上，但是误差的大小还要查阅说明书。

2.4.2　数据的整理

1. 排列数据

为了便于观察并找出数据的变化规律，通常将测量值按大小顺序或其他有利于观察数据变化规律的方式排列。

2. 分析误差

通过对测量值进行分析，确定误差的特性，为改进测量方法提供理论依据。

3. 减小或消除误差

根据误差分析结果寻找合适的改进测量方法，修正系统误差，用多次测量取平均值的办

法减小随机误差，剔除疏失误差，尽可能减小测量值的误差。

2.4.3 数据的进一步处理

1. 列表法

列表是整理实验数据最基本、最常用的方法之一，将测量值按一定规律排列后，不仅容易总结规律，而且便于发现疏失误差。

列表的目的是为了把大量实验数据整理成有规律排列的形式，便于观察和分析。因此，对实验表格有如下基本要求。

(1) 表号。便于在实验报告或文章中引用。

(2) 表头。用尽可能简洁的词语反映表格的内容。

(3) 结构。表格的第一行和第一列分别为自变量和因变量，如需进一步分类，可以将第一行和第一列拆分。

(4) 单位。有量纲的物理量都必须标注单位。

如果表中一行或一列的数值具有相同的单位，应按行或按列标注单位；如果一个表中所有数值的单位都相同，应作为共用单位并将它标注在表格右上方(第一行之上)。

(5) 数据。表中填写的数据既可以是测量值，也可以是计算值。

记录原始数据的表格中应有读数和示值，计算值一般与原始数据对应。测量值和根据测量值计算的数值必须按有效数字的形式(必要时可写为指数形式)填写，一般将小数点对齐，便于阅读和比较。

(6) 顺序。一般按自变量从小到大的顺序排列。

按以上要求设计并填写的表格如表 1-2-1 和表 1-2-2 所示。

表 1-2-1 线性电阻的伏安特性

U/V	0.200	0.400	0.600	0.800	1.000
I/mA	7.80	13.00	20.2	27.1	34.5

表 1-2-2 半导体二极管的伏安特性

U/V	0.000	0.200	0.400	0.600	0.515	0.600	0.680	0.800	0.880	0.920	0.940	0.955
I/mA	0.000	0.000	0.000	0.000	0.000	1.96	3.98	12.90	24.2	36.1	59.9	100.0

2. 常用二维图形

用二维图形描述实验结果，比列于表格中的数据更直观。二维图形适于表述单变量函数的实验结果。为了便于对比，有时将几条曲线绘制在同一坐标系中，此时要求自变量相同。

对于多个自变量的函数，若想用二维图形表达，只能保留一个自变量，其他自变量设为常数。

为使二维图形准确反映测量或计算精度，应在坐标纸上绘图，若有条件，也可以用计算机绘图，再将图贴在实验报告里。

典型的二维曲线如图 1-2-3 所示。制图应注意遵循以下惯例。

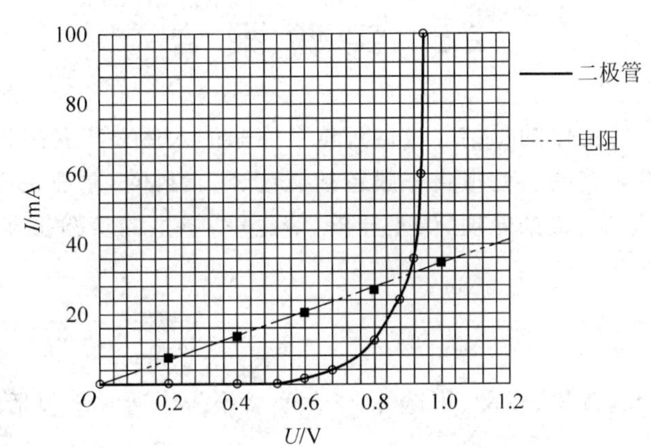

图 1-2-3 二维曲线

(1) 建立坐标系。选择适合描述数据特性的坐标系。常用的坐标系有线性直角坐标系、半对数直角坐标系、全对数直角坐标系、极坐标系，其中最常用的是线性直角坐标系，一般以横轴代表自变量，纵轴代表因变量。

(2) 绘制坐标轴。横轴和纵轴上若没有给出标值以表明其增值方向，应分别为横、纵轴线加上箭头；若已给出标值表明了横轴和纵轴的增量方向，则不应再添加箭头，因为这时箭头是冗余信息。一般以两坐标轴的交点为坐标原点，若所有数据点都远离坐标原点，允许平移坐标轴，但绘图区域必须覆盖所有数值(坐标点)。在两个坐标轴的外侧应标出该坐标轴所代表的物理量及其单位。

(3) 坐标轴分度。在最常用的线性直角坐标系中，对坐标轴采用线性分度。原则上坐标轴的最小分度恰好能反映有效数字的精度。在坐标轴上一般只标 5～10 个等分格的标尺，并标注每个格的数值，小格一般不标数字。

(4) 描点。按数据对应的坐标描点，同一组数据用相同的符号，可以用实心圆、叉、空心圆等符号区分各组数据，也可以用不同颜色区分不同的数据。

(5) 拟合曲线。在电路实验中，一般将所有有效实验数据对应的坐标点拟合成光滑的曲线。由于测量值可能有随机误差，即使在相同的条件下测量，测量值也会在某点附近随机变化，所以严格通过所有坐标拟合的曲线会出现很多奇异的弯曲拐点，这样的曲线不能真实地反映实验结果。正确的拟合方法是绘制一条光滑的、拐点尽可能少的曲线，所有坐标点到该曲线的最短距离之和为最小；对于已知因变量随自变量呈线性变化的情况，需要拟合成一条直线，使所有坐标点到该直线的距离之和为最小，或将所有二维坐标输入计算机，用最小二乘法计算直线的斜率和截距，再按计算值绘图。

(6) 多组数据的处理。在同一坐标系中用不同的线型或不同颜色的实线绘制各组数据对应的曲线，并在空白位置标注各条曲线对应的数据或数据组。

3. 其他图形

为了简洁、清楚地描述数据，给读者更形象的印象，可根据需要选用直方图、饼图、折线图，甚至三维图。

2.5 实 验 报 告

实验报告是对实验工作的总结。没做过这个实验的人通过实验报告应能够了解实验的全部工作内容。一份完整的实验报告一般包括概述、实验目的、原理、实验器材、实验内容及步骤、原始实验数据记录、数据处理、误差分析、结论等，学生的实验报告还包括一些与本次实验有关思考题的答案。

1. 概述

概要说明本实验的背景、意义、用途等，学生实验报告中通常不包括此项。

2. 实验目的

对于验证性的学生实验报告，用若干简单句说明通过本实验要观察什么现象、了解某元件或某器件的什么作用、学习什么测量方法、掌握什么实验技能、验证什么定理或什么公式等。对于设计性的学生实验报告，则是用什么原理设计什么单元电路等。

3. 原理

简要概述本实验所涉及的理论、公式、方法。必要时，应从通用的公式、公理、定理、经验公式等进行简单的推导，得出本实验所需要的计算公式。其中每一部分内容都要写清楚，原理（电路）图、公式都要有，插图要有图题和图标，公式要有编号，变量要有定义。

4. 实验器材

一般列表说明所有实验仪器和器材，包括实验仪器、单元板、专用电路实验板、元器件、导线等实验中用到的所有仪器和器材。每一件仪器或器材都应填写相应的序号、名称、规格、型号、数量、主要技术参数等。

5. 实验内容及步骤

实验内容要分清层次，按实验顺序列出每一步实验工作的详细内容，阐明实验方法，绘制实验电路等。步骤是相应内容的具体实施方法，如如何调整电源、如何连接电路图、有什么特殊的注意事项、如何记录数据等。

6. 原始记录

原始记录包括实验现象和测量数据。实验现象可用文字描述，必要时可给出示意图或照片、曲线等，达到简洁、明了的目的；测量数据包括按一定有效数字记录的实测数值、误差、量纲等。

7. 数据处理

首先说明用哪个公式处理哪些数据，然后列出最终的计算结果，如有必要，还要绘制实验曲线。实验曲线一般有直方图、折线图、光滑曲线等，其中最常用的是光滑曲线，可用手工描绘，也可通过某种算法拟合或插值。注意在手工描绘曲线时，由于测量存在误差，曲线可以不通过实测值所确定的坐标点，但要求曲线光滑、实测坐标点分居曲线两侧，并且力求实测坐标点与曲线的距离尽可能小。

8. 误差分析

通过测量方法、近似计算、数据特征等分析误差种类，找出误差原因、给出误差的大小、判断是否能修正误差，提出减小测量误差的方法。

9. 结论

给出与实验目的相呼应的结论，总结实验过程中的体会，也可以提出一些对本实验的改进建议和展望。

10. 思考题

思考题是针对学生实验设置的内容，是必做内容。通过回答思考题，可以加深对实验内容的理解。一般对思考题只需简要回答若干要点，不必高谈阔论，必要时可用示意图、公式、数据等进行说明。

下面给出学生实验报告的典型格式：

____大学____________学院

电路基础实验报告

实验序号____

实验名称____________________________________

____系__班　姓名______同组同学姓名__________

学号____实验台号____实验日期及时间__________

1　实验目的：

（续）

2 实验仪器和器材：

名称/类别	规格/型号	数量	备注

3 实验原理：

4 实验内容及步骤：

（续）

5　实验结果(包括测量数据表格、曲线、图形等)：   6　实验思考题：

第3章　常用电子仪器使用常识

3.1　万　用　表

万用表是最常用的电子测量仪表，其基本功能是测量电压、电流和电阻，有些新型号的万用表增加了扩展功能，如频率、电容、电感、二极管参数、三极管参数等。按显示方式分类，有模拟式、数字式两大类。

模拟式万用表又称指针表。指针表与数字表比较各有优点，可根据具体使用要求选用。

3.1.1　指针表与数字表对比

（1）测量电压时，数字表比指针表的输入阻抗高，所以一般来讲，数字表的测量精度要高于指针表的测量精度。

（2）数字表显示简洁，指针表的表盘复杂。

（3）指针表能显示过渡过程的变化趋势，数字表则只能显示静态电路参数。

（4）数字表可以用蜂鸣器发出是否导通的信号，使用方便；指针表只能用表针的偏转传递信息。

（5）有些数字表具有自动切换量程的功能、短路保护、数据保持、自动关机、电池电量显示、单位显示等功能。

（6）在数字表上很容易实现扩展功能。

（7）有些指针表使用两块电池(1.5V和9V)供电，数字表通常用一块电池供电，测量电阻时这些指针表测量精度相对高一些。

（8）指针表抗高频电磁干扰能力强。

（9）有些数字表有测量有效值的功能。

（10）指针表可以在没有电池的情况下测量电压和电流。

3.1.2　典型的指针式万用表——M500型

M500型万用表面板示意图如图1-3-1所示。

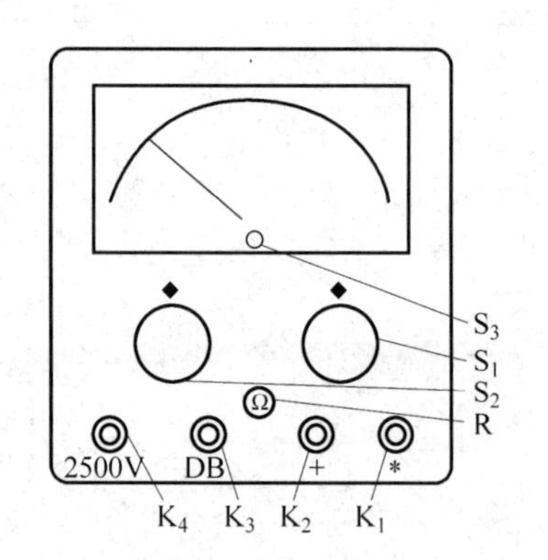

图1-3-1　M500型万用表面板示意

1. 主要性能指标

测量范围及精度等级列于表1-3-1。

表 1-3-1　M500 型万用表测量范围及精度等级

测量范围		灵敏度/(Ω/V)	精度等级	基本误差/%
直流电压	0～2.5V～10V～50V～250V～500V	20 000	2.5	±2.5
	2 500V	4 000	4.5	±4.0
	25 000V	20 000	5.0	±5.0
交流电压	0～10V～50V～250V～500V	4 000	4.0	±4.0
	2 500V	4 000	5.0	±5.0
直流电流	0～50μA～1mA～10mA～100mA～500mA,5A		2.5	±2.5
电阻	0～40Ω～2kΩ～20kΩ～200kΩ～2MΩ～20MΩ		2.5	±2.5
音频电平	－10～＋22dB			

使用姿态：水平

外壳与电路的绝缘电阻：在室温，湿度小于 85%的条件下，绝缘电阻不小于 35MΩ。

绝缘强度：能耐受 50Hz 交流正弦电压 6 000V 历时 1min 的试验。

2. 使用方法

(1) 调零。调整面板上的调零器，使指针指零。

(2) 测量直流电压。将测试杆短杆分别插在“K_1”和“K_2”内，转换开关旋钮“S_1”拨至“V”位置，开关旋钮“S_2”拨至直流电压的适当量程上，将两只测试杆长杆跨接在被测电路两端，根据读数确定量程。若指针反向偏转，需将测试杆的“＋”极与“－”极调换。用第二条刻度线读数。

(3) 测量高压直流电压。将黑色测试杆插入“K_1”，接被测电路的“地”，高压测试棒插头插入“K_2”，“S_2”旋至“2.5V”位置上，用第二条刻度线读数，读数需乘以 10 000。

(4) 测量交流电压。“S_1”旋至“V”，“S_2”旋至交流电压的适当量程上，与测量直流电压的方法类似。10V 量程用第三条刻度线读数，其他量程用第二条刻度线读数。

(5) 测量直流电流。“S_2”旋至“A”，“S_1”旋至适当量程，测试杆长杆串联在被测电路中，用第二条刻度线读数。用 5A 量程时，将测试杆短杆插入“K_1”、“K_3”中。

(6) 测量电阻。将“S_2”旋至“Ω”，“S_1”旋到适当的电阻量程，先将两只测试杆短路，指针向满度偏转，调整“R”旋钮，使指针指向第一行刻度的“0Ω”处，再用测量杆测量未知电阻，用第一行刻度线读数。

(7) 测量音频电平。将测试杆插在“K_1”、“K_3”内，“S_1”旋至“V”，“S_2”旋至交流电压的适当量程。音频电平是根据 0dB＝1mW、600Ω 输送标准设计的，刻度指示为－10～＋22dB，当被测值大于＋22dB 时，应在 50V 或 250V 挡测量，指示值按表 1-3-2 修正。

表 1-3-2　电平测量修正表

量程/V	按电平刻度增加值/dB	电平范围/dB
50	14	＋4～＋36
250	28	＋18～＋50

3. 注意事项

（1）无法估计被测量时，先调到最大量程，再根据测量值确定合适的量程。

（2）必须在不带电的情况下测量电阻。

（3）测量完毕后，将旋钮拨到空挡或电压最大量程上。

（4）测量高压时注意安全。

3.1.3　典型的数字式万用表——VC97 型

VC97 型数字万用表如图 1-3-2 所示。

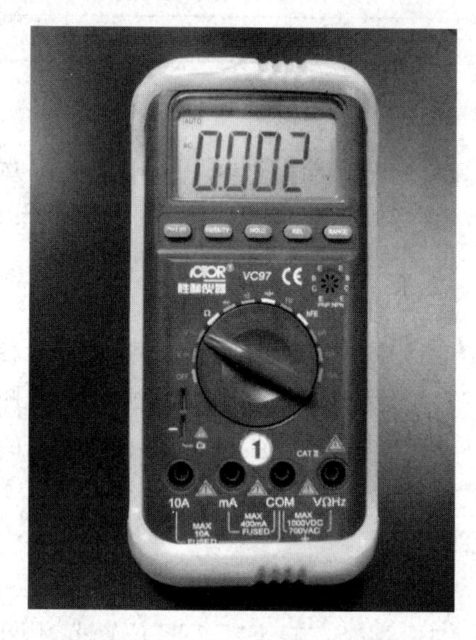

图 1-3-2　VC97 型数字万用表

1. 功能及开关

可测量直流电压、交流电压、直流电流、交流电流、电阻、电容、频率、占空比、三极管、二极管、通断，设有单位符号显示、数据保持、相对值测量、自动/手动量程转换、自动断电和报警功能。

- HOLD 键：按此功能键，仪表当前所测数值保持在液晶显示器上，再按退出。
- REL 键：按下此功能键，读数清零，进入相对值测量，再按退出。
- Hz/DUTY 键：切换频率/占空比/电压（电流）。
- —/⋯键：选择 AC 和 DC 工作方式。
- RANGE 键：选择自动量程和手动量程工作方式。

2. 性能指标

表 1-3-3 所示为直流电压和交流电压测试参数，表 1-3-4 所示为直流电流和交流电流测试参数，表 1-3-5 为电阻和电容测试参数，表 1-3-6 所示为频率测试参数，表 1-3-7 所示为晶体管 h_{FE} 测试参数，表 1-3-8 所示为二极管及通断测试参数。

表 1-3-3　电压测试参数

直流电压			交流电压（频率响应 700V：40～100Hz，其余 40～400Hz）		
量程/V	准确度	分辨力/mV	量程/V	准确度	分辨力/mV
0.4	±(0.5%+4d)	0.1	0.4	±(1.5%+6d)	0.1
4		1	4	±(0.8%+6d)	1
40		10	40		10
400		100	400（仅有手动）		100
1 000	±(1.0%+4d)	1 000	700	±(1.0%+6d)	1 000

表 1-3-4 电流测试参数

直流电流			交流电流(频率响应 10A:40～100Hz,其余 40～400Hz)		
量程	准确度	分辨力	量程	准确度	分辨力
400μA	±(0.8%+6d)	0.1μA	400μA	±(1.0%+6d)	0.1μA
4 000μA		1μA	4 000μA		1μA
40mA		10μA	40mA		10μA
400mA		100μA	400mA		100μA
10A	±(1.2%+10d)	10mA	10A	±(2.0%+15d)	10mA

表 1-3-5 电阻和电容测试参数

电 阻			电 容		
量程	准确度	分辨力/Ω	量程	准确度	分辨力
400Ω	±(0.8%+5d)	0.1	4nF	±(2.5%+6d)	1pF
4kΩ	±(0.8%+4d)	1	40nF		10pF
40kΩ		10	400nF	±(3.5%+8d)	100pF
400kΩ		100	4μF		1nF
4MΩ		1 000	40μF		10nF
40MΩ	±(1.2%+5d)	10 000	200μF	±(5%+8d)	100nF

表 1-3-6 频率测试参数

量 程	准 确 度	分 辨 力
100Hz	±(0.5%+4d)	0.01Hz
1 000Hz		0.1Hz
10kHz		1Hz
100kHz		10Hz
1MHz		100Hz
30MHz		1kHz

表 1-3-7 晶体管 h_{FE} 测试参数

量 程	显 示 值	测 试 条 件
h_{FE}(NPN 或 PNP)	0～1 000	基极电流约 15μA,U_{CE}≈1.5V

表 1-3-8 二极管及通断测试

量程	显 示 值	测试条件(禁止输入电压)
二极管	二极管正向压降	正向直流电流约 0.5mA,反向电压约 1.5V
蜂鸣器	蜂鸣器发出长响,测试两点电阻值小于 50Ω	开路电压约 0.5V

3. 注意事项

(1) 测量前检查绝缘是否良好,避免电击。

(2) 测量时不得输入超过规定的极限值,防止电击或损坏仪表。

(3) 测量非安全电压时应防止触电。

(4) 按正确的方法操作。

(5) 切换功能时,表笔要离开测试点。

(6) 不允许将表笔插在电流端子测量电压。

3.2 电 阻 箱

电阻箱由若干个高精度可调节电阻组成,各电阻上的旋钮通常采用十进制分立调节,各旋钮指示的阻值之和就是电阻箱的总电阻。电阻箱与其他线性电阻相比,具有精度高、调节和读数方便的优点,缺点是体积相对比较大,额定功率小。ZX-21 型是实验室中常用的电阻箱,由 6 个电阻组成,电阻值为 0.1Ω～99.999 9kΩ,如图 1-3-3 所示。

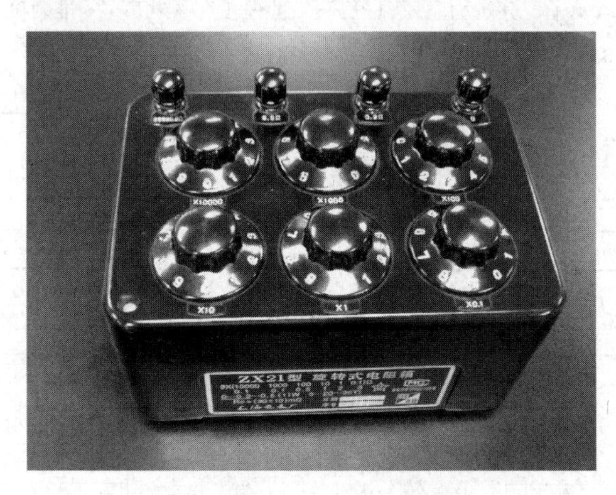

图 1-3-3 ZX-21 型电阻箱

3.2.1 使用方法

在 0～0.9Ω 范围内,精度为 5%,用右侧两个接线柱。

在 0～9.9Ω 范围内,精度为 2%,用左 2 和最右侧接线柱。

在 0～99.9Ω 范围内,精度为 1%,用两侧接线柱。

在 0～999.9Ω 范围内,精度为 0.5%,用两侧接线柱。

在 0～999 9.9Ω 范围内,精度为 0.1%,用两侧接线柱。

在 0～999 99.9Ω 范围内,精度为 0.1%,用两侧接线柱。

所有旋钮所指电阻之和为电阻箱的总电阻。

3.2.2 注意事项

(1) 先调阻值,再通电,避免短路或将过小的电阻接入电路,造成电阻箱或电路的损坏。

(2) 正确接线,按电阻箱侧面的使用说明将导线接到合适的接线柱上。

(3) 接线时要求将线压紧，减小接触电阻。

(4) 在室温和干燥环境中使用，确保电阻箱的阻值精度。

3.3 功　率　表

功率表又称瓦特表，是专门用于测量电路平均功率的仪表。功率表内部有两个线圈，一个是电压线圈，另一个是电流线圈。按显示方式分类，功率表有数字式和指针式两种，电路基础实验室一般配备指针式交、直流功率表。测量直流电路中负载的功率时，功率表的读数为电压与电流的乘积，即 $P=UI$；测量正弦交流电路中负载的功率时，功率表的读数为 $P=UI\cos\varphi$。其中，电压 U 和电流 I 均为有效值；φ 为电压与电流间的相位差；$\cos\varphi$ 为功率因数。

3.3.1 主要性能指标

实验室中常用 D26-W 型功率表，在这种型号中，又可选择不同的测量范围，这里给出一种最常用的功率表，其主要技术性能如下。

(1) 电压量程：150V，300V，600V。

(2) 电流量程：2.5A，5A。

(3) 电压线路消耗电流：30mA。

(4) 刻度分格：150。

(5) 频率范围：45～65Hz。

(6) 额定功率因数：$\cos\varphi=1$。

(7) 准确度等级：0.5 级。

(8) 工作姿态：水平，向任一方向倾斜 5°时，指示值的改变不超过测量上限的±0.25%。

(9) 响应时间：不大于 4s。

(10) 耐压和绝缘电阻：接线端与外壳之间能耐受交流 50Hz、2kV、1min 的电压试验；绝缘电阻不小于 5MΩ。

(11) 最大承受电流：电流串联电路能承受 120%额定电流超载使用。

(12) 功率因数变化对测量精度的影响：功率因数降至 0.5 时，引起的功率表指示值变化不超过测量上限的±0.5%。

3.3.2 注意事项

(1) 不能按功率读数选择量程，应分别选择电压量程和电流量程。

(2) 电流在电压线圈和电流线圈中的方向决定指针的偏转方向，两个线圈上标有“*”的端子为同名端，测量时需要用导线短接，具体测量电路见功率表，测量中若发现指针反向偏转，可拨动换向旋钮，使指针正向偏转。

(3) 读数：功率表的量程比较多，表盘上只标分格数，具体换算方法如表 1-3-9 所示。

表 1-3-9 D26-W 型功率表刻度换算表

A \ W/格 \ V		额定电压		
		150	300	600
额定电流	2.5	2.5	5	10
	5	5	10	20

当功率因数非常低时，由于选择测量量程需要分别按电压量程和电流量程选择，用普通功率表测量的读数将非常小，从而带来很大的测量误差。为了减小这种由于测量仪表造成的测量误差，需要改用低功率因数功率表进行测量，与 D26-W 型功率表参数接近的低功率因数功率表为 D34-W 型，刻度换算见表 1-3-10。

表 1-3-10 D34-W 型功率表刻度换算表

A \ W/格 \ V		额定电压		
		150	300	600
额定电流	2.5	0.5	1	2
	5	1	2	4

D26-W 型功率表如图 1-3-4 所示。

图 1-3-4 D26-W 型功率表

3.4 交流毫伏表

交流毫伏表是测量正弦电压有效值的专用仪表。与万用表相比，具有频率响应范围宽，测量电压范围大，输入阻抗高等优点。DA-16 型交流毫伏表如图 1-3-5 所示。

图 1-3-5 DA-16 型晶体管毫伏表

3.4.1 主要性能指标

电压测量范围：100μV～300V。

频率范围：20Hz～1MHz。

输入阻抗：

在 1kHz 时的输入电阻大于 1MΩ，在 1mV～0.3V 各挡的输入电容约为 70pF，在 1～300V 各挡的输入电容约为 50pF。

3.4.2 使用方法

1. 机械调零

通电前将毫伏表水平放置，指针应指零。若有偏差，则要调节表头的机械调零装置，将表针对准零位。

2. 零点校准

通电后，将输入端短路，调节调零旋钮，使指针对准零位。

3. 选择量程

先用大量程读数，再根据读数逐挡减小量程。

3.4.3 注意事项

(1) 注意在额定的频率范围内测量。

(2) 先调零,后测量。

(3) 量程从大到小,逐挡调整。

(4) 注意有两挡刻线,量程为1的倍数时,用上面一行刻度线读数;量程为3的倍数时,用下面一行刻度线读数。

(5) 交流毫伏表仅适用于正弦交流电压有效值的测量。对于非正弦信号,需改用示波器或其他仪器进行测量。

(6) 注意接地,避免感应信号的幅度超过所选量程,使表针打坏。

3.5 直流稳压电源

直流稳压电源是实验室的必备仪器,将50Hz、220V的市电变为电压恒定的直流电。为适应不同实验的要求,通常要求直流稳压电源的输出电压能在几十伏的范围内调整,最大输出电流达到几安。下面以DH1718型双路跟踪稳压稳流电源为例做简要介绍。

3.5.1 工作原理介绍

直流稳压电源有稳压和稳流两种工作模式,两种工作模式是随负载的变化而自动转换的。DH1718型的两路电源可以独立工作,也可以实现主从跟踪。工作原理如图1-3-6所示。

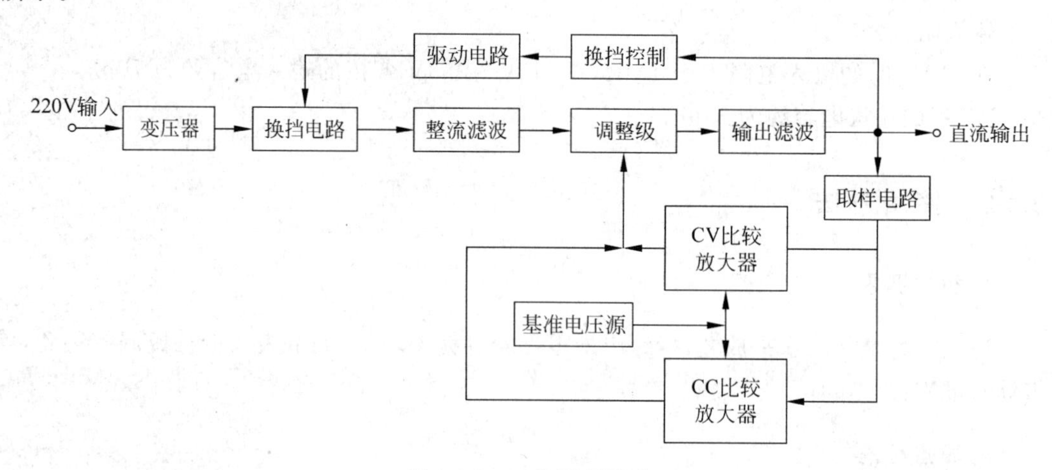

图1-3-6 工作原理框图

- 变压器和换挡电路。由于输出电压范围比较大,变压器输出采用换挡方式。当恒压工作的输出电流不大于恒流设定值时,电源工作于恒压模式,电压比较器对调整管处于优先控制状态;当输出电流大于恒流设定值时,电源自动切换到恒流工作模式，恒流比较器对调整管处于优先控制状态。

- 整流滤波电路。将交流电变成直流电。
- 调整电路。由误差放大器控制输出参数，对输出参数进行线性调整。
- 比较放大器。将误差信号放大并进行比较。
- 基准源。由 2DW7G 类的零温度系数基准电压二极管构成。
- 指示电路。两路由琴键开关控制电压/电流显示仪表，精度为 2.5 级，用于显示输出电压或输出电流。
- 串联主从跟踪电路。从路输出参数跟踪主路输出参数。

3.5.2 主要性能指标

DH1718 型双路直流稳压电源如图 1-3-7 所示。

图 1-3-7　DH1718 型双路直流稳压电源

(1) 输出电压 0～32V 可调，输出电流 0～2A 可设定。

(2) 输入电压 220(1±10%)V，频率 50(1±5%)Hz，输入电流约 1A，输入功率约 250VA。

(3) 输出电压调节分辨率 20mV，输出电流调节分辨率 50mA。

(4) 跟踪误差 $5\times10^{-3}\pm2$mV。

(5) 指示仪表精度等级：电压 2.5 级；电流 2.5 级。

(6) 工作温度 0～40℃。

3.5.3 使用方法

(1) 开机预热 30min。

(2) 左侧按键控制左路电源的参数显示，弹起时指示电压，按下时指示电流；右侧按键控制右路电源的参数显示，用法相同。

(3) 中间按键是跟踪/常态选择开关。两路电源独立工作时按键弹起；两路电源工作于主从跟踪状态时，需要用短路线将左路输出的负极与右路输出的正极连接，并按下按键。

(4) 应在输出开路时设定电压，在输出短路时设定电流。

(5) 旋钮和按键说明见表 1-3-11。

表 1-3-11 旋钮和按键说明

面板上的英文标注	对应的中文	功　能
VOLTS	电压表	指示输出电压
AMPS	电流表	指示输出电流
VOLTAGE	电压调节	调整恒压输出值
CURRENT	电流调节	调整恒流输出值
TRACKING	跟踪	串联跟踪工作按键
INDEPENDENT	常态	非跟踪工作
GND	接地端	机壳接地接线柱
CONNECT FOR TRACKING	跟踪工作时连接	串联跟踪工作的短接线

3.6 函数信号发生器

函数信号发生器是电路实验室必备的仪器之一。用传统的信号发生器(或称信号源)可以产生正弦波、方波、三角波、锯齿波等规则波形，幅度、频率可以连续调节。函数信号发生器不仅具备传统信号发生器的功能，还增加了存储、偏移、定义任意波形、扫频、扫幅、猝发等功能，操作也更加灵活、方便。下面介绍 TFG2006 系列 DDS 函数信号发生器主要性能和常用功能的操作方法，该信号发生器如图 1-3-8 所示。

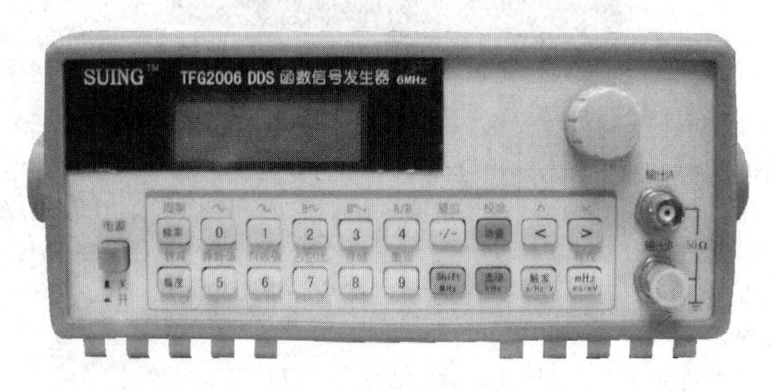

图 1-3-8 TFG2006 系列 DDS 函数信号发生器

函数信号发生器有两个输出通道：A 路和 B 路。

3.6.1 A 路主要技术指标

(1) 波形特性：正弦波、方波、直流，方波占空比为 20%～80%。

(2) 频率特性：40mHz～6MHz。

(3) 幅度特性：峰峰值 2mV～20V，输出阻抗 50Ω。

(4) 偏移特性：偏移范围±10V，分辨率 20mV。

(5) 调制特性：具有幅度调制、频率调制、相位调制、猝发调制功能。

(6) 扫描特性：具有频率线性扫描和幅度线性扫描功能，方式有正向、反向、单次和往返 4 种。

(7) 存储特性：存储参数为信号的频率值和幅度值，存储容量为 40 个信号。

3.6.2 B 路主要技术指标

(1) 波形特性：正弦波、方波、三角波、锯齿波、阶梯波等 32 种波形。

(2) 频率特性：正弦波 10mHz～1MHz，其他波形 10mHz～50kHz。

(3) 幅度特性：峰峰值 100mV～20V。

3.6.3 常用功能的操作方法

(1) 开机初始化和复位：从 A 路连续输出峰峰值 1V、频率 1kHz 的正弦电压信号。

(2) A 路频率设定：[频率][1][.][2][kHz]——设定频率为 1.2kHz。

(3) A 路频率调节：按[<]或[>]移动光标，用旋钮调节光标所指位置的数值。

(4) A 路周期设定：[Shift][周期][2][0][ms]——设定周期为 20ms。

(5) A 路幅度格式：[Shift][有效值]或[Shift][峰峰值]。

(6) A 路衰减选择：[Shift][衰减][0][触发]——衰减 0dB。

(7) A 路偏移设定：按[选项]键，选中“A 路偏移”，按[-][2][V]。

(8) 恢复初始化状态：[Shift][复位]。

(9) A 路波形选择：[Shift][0]——选择正弦波，或[Shift][1]——选择方波。

(10) A 路方波占空比设定：[Shift][占空比][7][5][触发]——设定占空比为 75%。

(11) 通道选择：[Shift][A/B]——循环选择 A、B 两个通道。

(12) B 路波形选择：[Shift][0]——选择正弦波，或[Shift][1]——选择方波，或[Shift][2]——选择三角波，或[Shift][3]——选择锯齿波。

(13) B 路多种波形选择：按[选项]键，选中“B 路波形”，按[<]或[>]键用旋钮 0～31 选择 32 种波形。

(14) 设置“扫描”功能：按[功能]键，选中“扫描”，按当前参数扫描，按[触发]键，开始扫描，按任意键停止。

(15) 正向扫描：按[选项]键，选中“方式”，按[0]键——选择正向扫描，按[触发]键开始正向频率扫描，按任意键停止，按[幅度]键选中“幅度”，按当前参数扫描，按[触发]键开始扫描，按任意键停止。

(16) 设置“调制”功能：按功能键，选中“调制”，按触发键，开始频率调制。

(17) 设定调制频偏：按选项键，选中“频偏”，按8触发——设置调制频偏8%，按幅度键，选中“幅度”，按触发键，开始幅度调制，按任意键停止。

(18) 设定调制深度：按选项键，选中“深度”，按20触发——设定调制深度20%。

(19) 设置“猝发”功能：按功能键选中“猝发”功能，按选项键选中“计数”，按3触发选中3个猝发周期，按触发键开始猝发计数输出，按任意键停止。

(20) 设定单次猝发：按选项键选中“单次”，每按一次触发键，输出一个周期。

(21)设置“键控”功能：按功能键选中“键控”，使用当前键控参数，按触发键开始FSK输出，按任意键停止。

(22) 设定相移度数：按选项键选中“相移”，按45触发——设定相移45°，按触发键开始PSK输出，按任意键停止，按幅度键选中“幅度”，使用当前键控参数，按触发键开始ASK输出，按任意键停止。

3.7 示 波 器

示波器是一种用途广泛的电子测量仪器，其主要功能是用于观察电压信号的波形，测量电压信号的振幅、位相、频率、周期，比较两路信号之间的相位关系等。示波器种类繁多，根据示波器的用途和特点，可将示波器分为模拟示波器、数字存储示波器、取样示波器、记忆示波器等。在电路基础实验室里一般只需配备双踪模拟示波器。不同示波器面板上的按键、开关、旋钮不尽相同，但基本上可按功能将面板划分为主机、Y通道、X通道和触发4个部分，下面以CS-4125A型示波器(如图1-3-9所示)为例，介绍示波器的基本性能参数和使用方法。

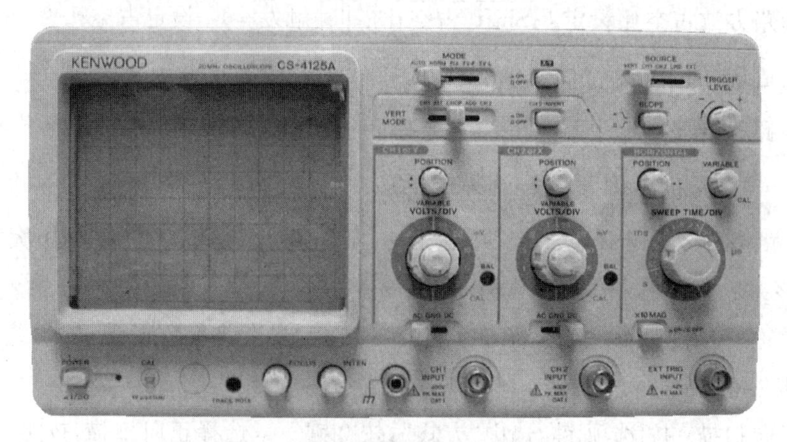

图1-3-9 CS-4125A型示波器

3.7.1 按键、开关和旋钮

各开关和旋钮的简要介绍见表 1-3-12。

表 1-3-12 示波器面板按键、开关、旋钮功能介绍

类别	按键、开关或旋钮名称		功 能
主机部分	电源开关(POWER)		按接通电源,再次按(弹起后)关闭电源
	辉度(INTEN)		调节波形亮度
	聚焦(FOCUS)		调节电子束聚焦位置
	光迹旋转(TRACE ROTE)		调整水平扫描线的倾角
	标准信号输出端(CAL)		提供 1kHz,峰峰值 1V 的方波校准信号
Y 通道部分	垂直位移(POSITION)		上下平移图形
	衰减器(VOLTS/DIV)		调节 Y 轴电压的衰减幅度
	垂直微调(VARIABLE)		可连续微调 Y 轴电压幅度,定量测量时顺时针旋到底
	垂直信号模式(VERT MODE)	CH1	显示从 CH1 输入的信号
		CH2	显示从 CH2 输入的信号
		ALT	交替显示两路信号
		CHOP	以 250kHz 在两频道间切换显示
		ADD	显示 CH1+CH2 的合成波形;按下 CH2 INTER 键时,显示 CH1−CH2 的合成波形
	耦合方式	AC	只输入交流成分
		GND	将输入端短接
		DC	将被测信号全部输入
	CH2 极性(CH2 INVERT)		按下此键后,CH2 信号极性被反相
	垂直校正(BAL)		用螺丝刀微调 CH1 或 CH2 与 DC 间的平衡
X 通道部分	水平位移(POSITION)		左右平移图形
	扫描范围(SWEEP TIME/DIV)		扫描时间切换,在 0.2μs~0.5s 之间以 1-2-5 倍率切换,共 20 挡
	扫描时间微调(VARIABLE)		可连续调节扫描时间,右旋至 CAL 位置时,为校正位置
	水平扩展(×10MAG)		按下此键,显示波形从中央向左右横向扩展 10 倍
	X-Y 控制(X-Y)		将 CH1 变为 Y 轴,CH2 变为 X 轴,显示李萨如波形
触发部分	触发方式选择(MODE)	AUTO	自动扫描
		NORM	由触发信号控制扫描
		FIX	将同步 LEVEL 固定
		TV-F	将复合图像信号中的垂直同步分量分离出来,用于控制触发扫描
		TV-L	将复合图像信号中的水平同步分量分离出来,用于控制触发扫描
	触发源选择(SOURCE)	CH1	将 CH1 信号作为触发信号源
		CH2	将 CH2 信号作为触发信号源
		LINE	将电源信号作为触发信号源
		EXT	将外加信号作为触发信号源
	触发极性选择(SLOPE)		弹起时以信号上升沿触发,按下时以信号下降沿触发
	触发电平(TRIGGER LEVEL)		设定触发电平,确定开始扫描的位相

3.7.2 示波器探头

示波器是显示被测电压波形的仪器,示波器探头的作用是将被测电压信号无失真地耦合到示波器。示波器探头上通常有“×1”和“×10”两挡。有的探头仅用于测量低压低频信号,所以探头上只有“×1”挡。

“×1”探头是最简单的探头,信号电压按1∶1耦合,测量值不必换算。

“×10”探头上并联有电阻和电容,电容可调,调整时将探头的测试探头接到示波器标准信号上,用螺丝刀调整电容,使显示的波形尽可能呈方形且顶端平坦。

3.7.3 基本操作方法

1. 测量前的准备

接通电源开关后,电源指示灯立即被点亮,将触发方式置于“AUTO”,经过一两秒后,屏幕上应出现扫描线。

将探头信号线接示波器的标准信号端钮,适当选择“Y轴衰减”、“X轴衰减”、“触发电平”及“X轴平移”、“Y轴平移”,可以从屏幕上看到方波波形,适当调整“辉度”和“聚焦”按钮,得到清晰、亮度适中的图形。

若发现图形倾斜,可用螺丝刀调节“光迹旋转”旋钮。

2. 观测波形

从屏幕上观察波形,并根据显示的波形调整“Y轴衰减”、“X轴衰减”、“触发电平”及“X轴平移”、“Y轴平移”按钮,得到稳定的波形。

定量测量时需要把“垂直微调”和“扫描微调”均置于“校正”位置(顺时针旋到底)。

3. 测量两个同频率信号的相位差

方法一:将垂直信号模式(VERT MODE)置于“ALT”,在屏幕上同时观测两路波形,通过测量同相位点的时间差计算两路信号的相位差。

方法二:按下X-Y控制开关,观测李萨如波形。

4. 注意事项

光点不要长时间停留在荧光屏的一点上,以防止荧光屏过早老化;测量时先接“地”,后接“信号”;计算信号幅度时注意探头倍率;定量测量时一定要把“微调”旋钮置于校正位置。

3.8 兆 欧 表

兆欧表由手摇发电机和磁电式比率表构成,是测量绝缘电阻的专用仪表。由于使用时需要不停地摇动手柄,人们又把兆欧表形象地称为“摇表”。ZC25B-3型兆欧表如图1-3-10所示。

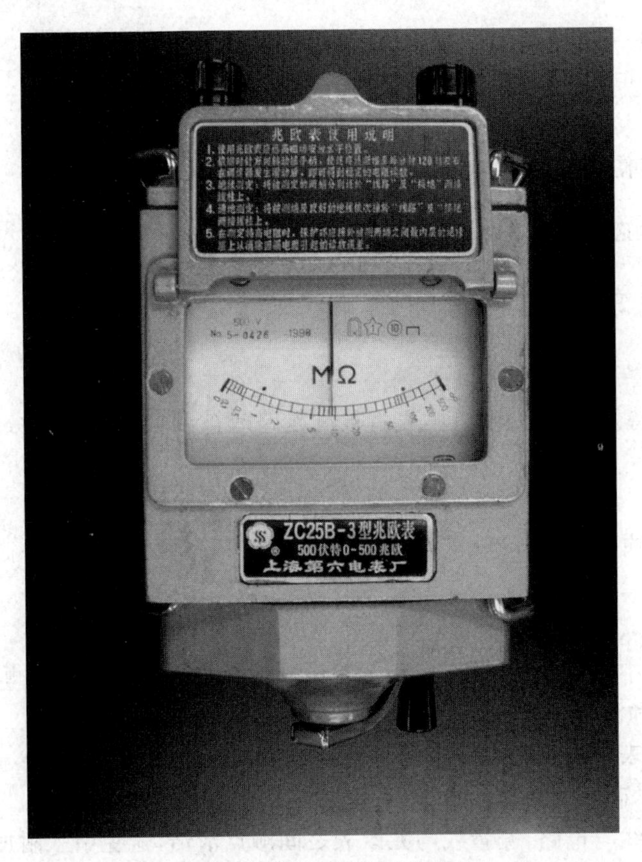

图 1-3-10 ZC25B-3 型兆欧表

3.8.1 工作原理

比率表中有两个可以自由转动的线圈，这两个动圈各有一端连接发电机的负极。动圈 1 的另一端与固定电阻 R_1、被测电阻 R 串联后连到发电机的正极；动圈 2 的另一端与固定电阻 R_2 串联后也连到发电机的正极。设发电机输出端的电压为 U，则流过动圈 1 的电流为 $I_1=\dfrac{U}{R+R_1}$，流过动圈 2 的电流为 $I_2=\dfrac{U}{R_2}$，两电流之比为 $\dfrac{I_1}{I_2}=\dfrac{R_2}{R+R_1}$。两个动圈（通电线圈）在磁场中受到方向相反的电磁力矩 M_1 和 M_2 的作用，当线圈转动到 $M_1=M_2$ 的位置时达到平衡。由于 $M_1 \propto I_1$，$M_2 \propto I_2$，所以动圈的偏转角 ϕ 仅与被测电阻 R 有关，而与发电机的电压 U 无关。

然而，实际绝缘电阻并非常量，通常是电压的函数，因此要求在测量时手摇发电机的转速应保持在 120(1±20%)r/min 的范围内。

3.8.2 使用方法

1. 选择电压等级

电器的绝缘电阻标准是在规定了兆欧表电压等级后确定的，因此测量时必须正确选择兆欧表的电压等级。

2. 选择量程

合适的量程应使指针稳定在刻度尺的中央部分。

3. 被测电路状态

应在被测电路完全无电的状态下测量,尽可能减小测量误差。

4. 拆线方法

测量结束后,待发电机停止转动,先将被测电路或被测仪器对地充分放电,然后再拆除测量线。

3.8.3 注意事项

(1) 禁止用兆欧表测量人体电阻。

(2) 测量过程中,人体的任何部位都不能接触被测电路或兆欧表的测试线,确保人身安全、被测电路安全和测量精度。

(3) 保持兆欧表干燥。

(4) 防止磕碰,确保动圈转动自如。

(5) 保持测量线与电路、测量线与兆欧表之间触点清洁,避免引入附加接触电阻。

第二部分

电 路 实 验

实验1　万用表的使用

电压和电流是最基本的两个电路参数,本实验学习测量这两个参数,并计算其测量误差。

任何测量结果都存在测量误差,用电压表和电流表测量电路参数也不例外。本实验通过测量电压表和电流表的内阻,可估算出测量值的系统误差,初步认识测量方法对测量精度的影响。

一、实验目的

(1) 学习用万用表测量直流电压和直流电流的方法。

(2) 熟悉恒压源、恒流源、电阻箱的使用方法。

(3) 掌握万用表电压挡内阻和电流挡内阻的测量方法。

(4) 学习电压表、电流表测量误差的计算方法。

(5) 初步了解实验台。

二、原理

1. 电压表和电流表的使用方法及产生测量误差的原因

电压表是测量电压的专用仪表,使用电压表测量某元件上的电压时,应将电压表并联在该元件两端。电压表有一定的内阻,当电压表接入电路后,相当于将电压表的内阻并联在被测元件上,原来流过被测元件的电流就将有一部分从电压表分流,从而影响原电路的参数,因此,电压的测量值会由于电压表接入电路而产生测量误差。由于这一误差是测量方法引起的,故称为方法误差。方法误差属于系统误差的一种,可以通过改进测量方法消除或减小。显然,电压表的内阻越大,分流到电压表上的电流就越小,所以,提高电压表的内阻是减小测量误差的途径之一。数字式电压表的内阻远大于指针式电压表的内阻,用数字式电压表测量电压所产生的方法误差比较小。

电流表是测量电流的专用仪表,使用电流表测量流过某元件的电流时,应将电流表与被测元件串联。电流表也有一定的电阻。当电流表串入电路后,相当于将电流表的内阻与被测元件串联。被测元件所在支路的阻值变大后,使流过被测元件的电流减小,产生测量误差,这种误差同样是方法误差。显然,电流表的阻值越小,产生的测量误差就越小。因此,减小电流表的内阻是减小系统误差的途径之一。

提高电压表的内阻和减小电流表的内阻都是有限度的,当改变仪表内阻后还不能满足测量精度要求时,就需要改进测量方法。

2. 分压法测量电压表的内阻

同一块电压表在不同量程下的内阻不同。在某量程下,电压表的内阻为 R_V,满量程电

压为 U_{max}，测量电压表内阻的电路如图 2-1-1 所示。R_1 和 R_2 串联后的总电阻与电压表的内阻构成分压电路，其中 R_1 为已知阻值的固定电阻，R_2 为可调电阻，为便于读数，R_2 用电阻箱代替可调电阻。用 R_1 和 R_2 串联的目的是为了得到高精度、阻值可调的大电阻。

当开关 S 闭合时，调节直流稳压电源的输出电压 U_S，使电压表的指针指向满刻度值；保持直流稳压电源的输出电压不变，断开开关 S，电压表的读数为分压后降在电压表上的电压 U_V，调整 R_2 使电压表的指针指向满量程的一半，此时存在如下关系，即

$$\begin{cases} U_V = U_{R_1+R_2} = 0.5U_{max} = 0.5U_S \\ R_V = R_1 + R_2 \end{cases} \tag{2-1-1}$$

3. 分流法测量电流表的内阻

电流表通常有若干量程，电流表在不同量程下，内阻不同。在某量程下，电流表的内阻为 R_A，满量程电流为 I_{max}，测量电流表内阻的电路如图 2-1-2 所示。

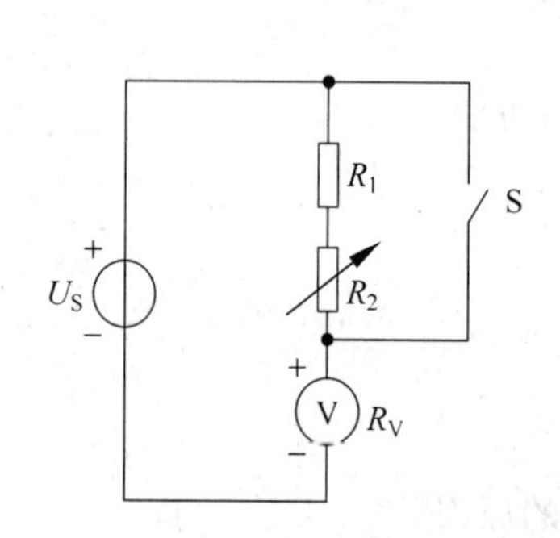

图 2-1-1 测量电压表内阻的电路

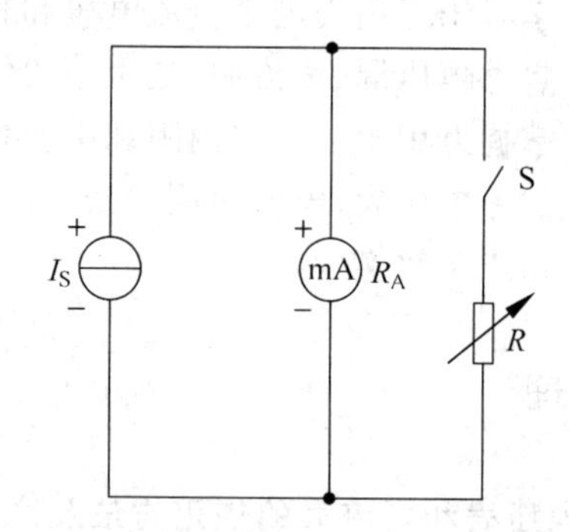

图 2-1-2 用分流法测量电流表内阻

断开开关 S，调节恒流源输出电流 I_S，使电流表指针指向满量程，保持恒流源的输出电流不变，闭合开关 S，调节可调电阻 R（为了读数方便，可用电阻箱）的阻值，使电流表指向满量程刻度之半。此时，流过电流表的电流 I_A 和流过电阻 R 的电流 I_R 都等于恒流源输出电流之半，且电流表的内阻等于电阻 R 的阻值，即

$$\begin{cases} I_A = I_R = 0.5I_{max} \\ R_A = R \end{cases} \tag{2-1-2}$$

4. 方法误差的计算

1）电压测量

测量电路如图 2-1-3 所示。开关 S 断开时，电阻 R_2 上的电压为

$$U_2 = \frac{R_2}{R_1 + R_2}U_S \tag{2-1-3}$$

将内阻为 R_V 的电压表并联在 R_2 两端测量电压时，R_2 与 R_V 并联后的电阻为

$$R'_2 = \frac{R_V R_2}{R_V + R_2} \tag{2-1-4}$$

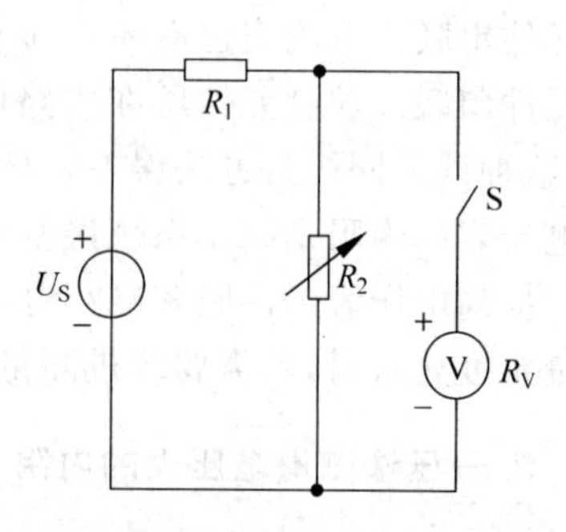

图 2-1-3 研究测量电压方法误差的电路

测到的电压为

$$U_2' = \frac{R_2'}{R_1 + R_2'} U_S \tag{2-1-5}$$

由式(2-1-3)、式(2-1-4)、式(2-1-5)得到绝对误差

$$\Delta U = U_2' - U_2 = -\frac{1}{\left(1+\frac{R_1}{R_2}\right)\left(1+\frac{R_V}{R_1}+\frac{R_V}{R_2}\right)} U_S \tag{2-1-6}$$

相对误差为

$$\frac{\Delta U}{U_2} \times 100\% = -\frac{1}{1+\frac{R_V}{R_1}+\frac{R_V}{R_2}} \tag{2-1-7}$$

从以上计算结果可以看出,使误差趋于零的条件为

$$R_V \gg R_1 \quad 或 \quad R_V \gg R_2 \tag{2-1-8}$$

式(2-1-6)和式(2-1-7)中负号表示方法误差使测量值小于真值。

2) 电流测量

测量电路如图 2-1-4 所示,用毫安表测量流过电阻 R_2 的电流。闭合开关 S 时,流过电阻 R_2 的电流为

$$I_2 = \frac{R_1}{R_1 + R_2} I_S \tag{2-1-9}$$

串入内阻为 R_A 的电流表,即断开开关 S,流过电阻 R_2 的电流为

$$I_2' = \frac{R_1}{R_1 + R_2 + R_A} I_S \tag{2-1-10}$$

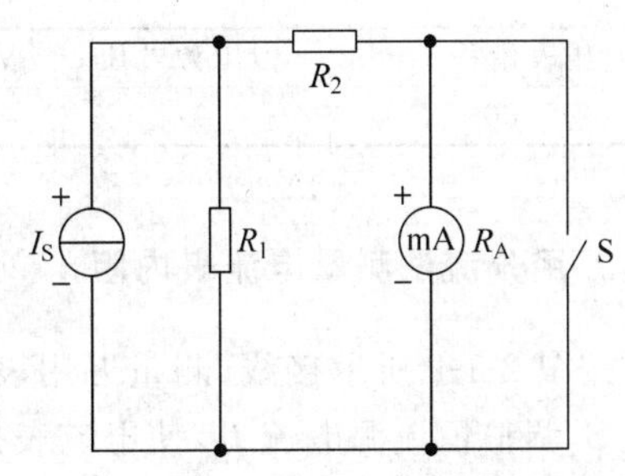

图 2-1-4 研究测量电流方法误差的电路

由式(2-1-9)和式(2-1-10)得到测量电流的绝对误差为

$$\Delta I_2 = I_2' - I_2 = -\frac{1}{\left(1+\frac{R_2}{R_1}\right)\left(1+\frac{R_1+R_2}{R_A}\right)} I_S \tag{2-1-11}$$

相对误差为

$$\frac{\Delta I_2}{I_2} \times 100\% = -\frac{1}{1+\frac{R_1+R_2}{R_A}} \tag{2-1-12}$$

误差趋于零的条件为

$$R_A \ll R_1 \quad 或 \quad R_A \ll R_2 \tag{2-1-13}$$

式(2-1-11)和式(2-1-12)中的负号表示测量误差为负,即测量值小于真值。

三、实验仪器和器材

(1) 万用表。

(2) 恒压源。

(3) 恒流源。

(4) 电阻箱。
(5) 固定电阻。
(6) 实验电路板。
(7) 导线。

四、实验内容及步骤

1. 用分压法测量电压表的内阻

按图 2-1-1 所示接线,测量万用表直流电压 5V 挡的内阻。其中 R_1 为固定电阻,R_2 为电阻箱。闭合开关 S,调节恒压源电压 U_S,使电压表指针指向满量程;然后断开开关 S,调整 R_1 及 R_2 的阻值,使电压表指针指向满量程之半,记录 R_1 及 R_2 的阻值,利用式(2-1-1)计算电压表内阻 R_V,将测量结果填入表 2-1-1 中。

表 2-1-1 分压法测量电压表内阻

电压表量程/V	恒压源电压 U_S/V	R_1/Ω	R_2/Ω	计算 R_V/Ω
5.00				

2. 用分流法测量电流表内阻

按图 2-1-2 所示接线,测量万用表直流电流 200mA 挡的内阻,其中 R 为电阻箱。断开开关 S,调整恒流源电流 I_S,使电流表指针指向满量程;然后闭合开关 S,调整电阻箱 R 的阻值,使电流表指针指向满量程之半,记录电阻阻值 R,利用式(2-1-2)计算 R_A,将测量及计算结果填入表 2-1-2 中。

表 2-1-2 分流法测量电流表内阻

电流表量程/mA	恒流源电流 I_{max}/mA	R/Ω	计算 R_A/Ω
200.0			

3. 测量电压并计算测量误差

按图 2-1-3 所示电路接线,取 U_S=5.00V,按表 2-1-3 中所给参数测量电阻 R_2 两端的电压 U_2',按式(2-1-3)计算电阻 R_2 两端的电压 U_2,根据误差的定义计算绝对误差和相对误差,根据式(2-1-6)和式(2-1-7)计算绝对误差和相对误差的理论值,填入表 2-1-3 中。

表 2-1-3 电压测量

	1	2	3	4
电压表量程/V	5.00	5.00	5.00	5.00
R_1/kΩ	10	10	0.1	0.1
R_2/kΩ	10	0.1	10	0.1
R_V/kΩ				
计算值 U_2/V				

续表

	1	2	3	4
实测值 U_2'/V				
绝对误差 $\Delta U^* = U_2' - U_2/\mathrm{V}$				
相对误差 $\Delta U' U_2 \times 100\%$				
绝对误差理论值 $\Delta U/\mathrm{V}$				
相对误差理论值 $\Delta U/U_2 \times 100\%$				

4. 测量电流并计算测量误差

按图 2-1-4 所示电路接线，取 $I_S = 200.0\mathrm{mA}$，按表 2-1-4 中所给参数测量流过电阻 R_2 的电流 I_2'，按式(2-1-9)计算流过电阻 R_2 的电流计算值 I_2，根据误差的定义计算绝对误差和相对误差，根据式(2-1-11)和式(2-1-12)计算绝对误差和相对误差的理论值，填入表 2-1-4 中。

表 2-1-4 电流测量

序　　号	1	2	3	4
电流表量程/mA	200	200	200	200
$R_1/\mathrm{k\Omega}$	100	100	10	10
$R_2/\mathrm{k\Omega}$	100	10	100	10
$R_A/\mathrm{k\Omega}$				
计算值 I_2/mA				
实测值 I_2'/mA				
绝对误差 $\Delta I' = I_2' - I_2/\mathrm{mA}$				
相对误差 $\Delta I'/I_2 \times 100\%$				
绝对误差理论值 $\Delta I/\mathrm{mA}$				
相对误差理论值 $\Delta I/I_2 \times 100\%$				

五、选做内容

自拟一组参数，通过实验验证思考题(3)所得出的结论。

六、思考题

(1) 用量程为 5V 的电压表测量实际值为 4.00V 的电压，读数为 3.98V，求绝对误差和相对误差。

(2) 已知 R_1、R_2 及相对误差，如何估算 R_V 和 R_A？

(3) 用电压表和电流表测量电阻阻值时，有内接法和外接法两种电路，设电压表的内阻为 R_V，电流表的内阻为 R_A，分别推导出两种电路测量电阻阻值的相对误差。

(4) 表 2-1-3 和表 2-1-4 中各有 4 组实验数据，根据这些数据可得到什么结论？

实验 2　在电压、电流测量中减小测量误差的研究

当使用电压表测量电压时，若电压表的内阻足够大，则测量的方法误差才能被忽略，否则，必须改变测量方法，消除或减小系统误差，提高测量精度。使用电流表测量流过某元件的电流时，也存在类似的问题，仅当电流表的内阻足够小时，才能使测量方法误差被忽略。

本实验研究两种消除方法误差的测量电路，并导出相应的计算公式。

第一种方法是用内阻不同的仪表分别测量，通过计算得到消除方法误差后的测量结果。

第二种方法是用同一台测量仪器测量，通过在测量电路中增加已知阻值的电阻，改变测量仪器的内阻，达到与第一种方法异曲同工的目的。

一、实验目的

(1) 进一步了解电压表内阻、电流表内阻在测量过程中产生的方法误差。

(2) 学习消除测量方法误差的方法。

二、原理

1. 两表法测量电压

用两块内阻不同的电压表分别测量电路某一端口的电压，测量电路如图 2-2-1 所示，被测元件等效为恒压源 U_S 与电压源内阻 R_0 串联。

设两表的内阻分别为 R_1 和 R_2，用两表测量的结果分别为 U_1 和 U_2，则

$$\begin{cases} U_1 = \dfrac{R_1}{R_0 + R_1} U_S \\ U_2 = \dfrac{R_2}{R_0 + R_2} U_S \end{cases} \tag{2-2-1}$$

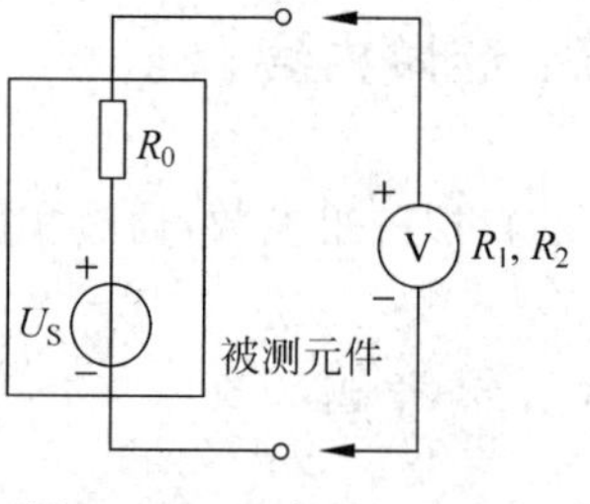

图 2-2-1　两表法测量电压

消去 R_0 并简化，得到消除方法误差的被测电压

$$U_S = \frac{R_2 - R_1}{R_2 U_1 - R_1 U_2} U_1 U_2 \tag{2-2-2}$$

此式与 R_0 无关，说明不论电路参数如何变化，都不会因电压表内阻影响测量结果。

2. 两表法测量电流

用两块内阻不同的电流表分别与被测元件串联，测量电流的大小，测量电路如图 2-2-2 所示。被测元件仍然等效为恒压源与电压源内阻 R_0 串联。设两表的内阻分别为 R_1 和 R_2，

用两表测量的结果分别为 I_1 和 I_2，则

$$\begin{cases} I_1 = \dfrac{U_S}{R_0 + R_1} \\ I_2 = \dfrac{U_S}{R_0 + R_2} \end{cases} \tag{2-2-3}$$

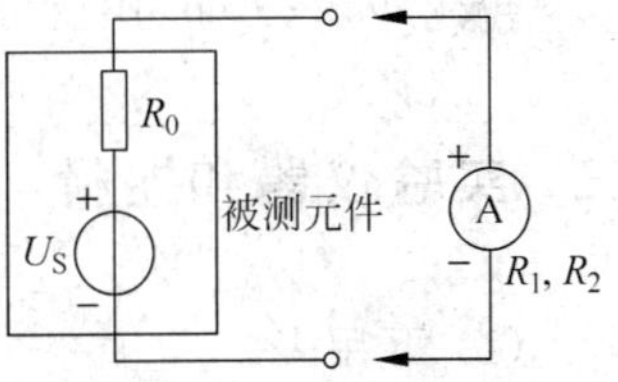

图 2-2-2　两表法测量电流

解得

$$I = \frac{U_S}{R_0} = \frac{R_1 - R_2}{R_1 I_2 - R_2 I_1} I_1 I_2 \tag{2-2-4}$$

此表达式也与 R_0 无关，说明这种方法测量的结果不存在与电路参数相关的方法误差。

3. 单表两次测量电压

测量电路如图 2-2-3 所示。电压表内阻为 R_1，第一次测量时，用电压表与被测元件并联测量，电压表读数为 U_1；第二次测量时，先将电阻 R_2 与电压表串联，再测量被测元件上的电压，电压表的读数为 U_2，则有如下关系：

$$\begin{cases} U_1 = \dfrac{R_1}{R_0 + R_1} U_S \\ U_2 = \dfrac{R_1}{R_0 + R_2 + R_1} U_S \end{cases} \tag{2-2-5}$$

消去 R_0，得到

$$U_S = \frac{R_2}{R_1} \cdot \frac{U_1 U_2}{U_1 - U_2} \tag{2-2-6}$$

式(2-2-6)表明，通过两次测量电压可消除 R_0 对测量结果的影响。

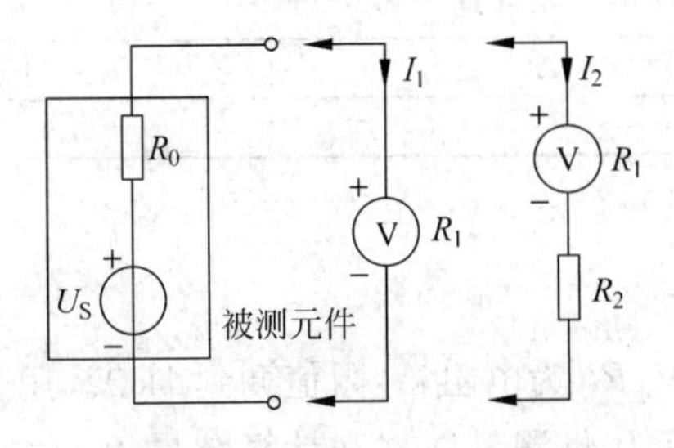

图 2-2-3　单表两次测量电压

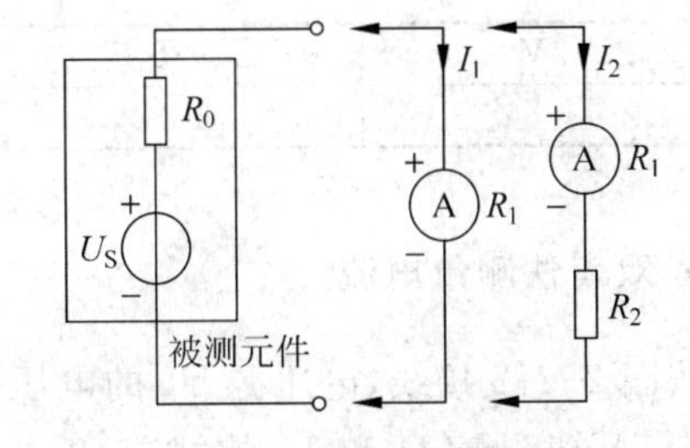

图 2-2-4　单表两次测量电流

4. 单表两次测量电流

测量电路如图 2-2-4 所示。电流表的内阻为 R_1，第一次直接用电流表测量，读数为 I_1；第二次将已知阻值的电阻 R_2 与电流表串联后再测量，读数为 I_2。根据欧姆定律，有如下关系：

$$\begin{cases} I_1 = \dfrac{U_S}{R_0 + R_1} \\ I_2 = \dfrac{U_S}{R_0 + R_1 + R_2} \end{cases} \tag{2-2-7}$$

解出 U_S 和 R_0 后得到

$$I = \frac{U_S}{R_0} = \frac{R_2 I_1 I_2}{(R_1 + R_2) I_2 - R_1 I_1} \tag{2-2-8}$$

式(2-2-8)表明,用单表两次测量电流也能消除 R_0 对测量结果的影响。

三、实验仪器和器材

(1) 万用表。
(2) 恒压源。
(3) 实验电路板。
(4) 电阻。
(5) 导线。

四、实验内容及步骤

1. 双表法测量电压

按图 2-2-1 接线,将电压源 U_S 的电压调到 4.5V,R_0 为电阻箱,阻值调到 10kΩ。用直流电压表 5V 挡测量 U_1 和 U_2,按式(2-2-2)计算 U_S,将测量数据和计算结果填入表 2-2-1 和表 2-2-2 中。表中 $\Delta U_1 = U_1 - U_S$,$\Delta U_2 = U_2 - U_S$。

表 2-2-1 用双表法测量电压

R_1/Ω	R_2/Ω	U_1/V	U_2/V	U_S/V

表 2-2-2 双表测量电压的误差计算

$\Delta U_1/V$	$\Delta U_1/U_1 \times 100\%$	$\Delta U_2/V$	$\Delta U_2/U_2 \times 100\%$

2. 双表法测量电流

按图 2-2-2 接线,电压源 U_S 的电压调到 4.5V,R_0 为电阻箱,阻值调到 1kΩ。用直流电流表 5mA 挡测量 I_1 和 I_2,按式(2-2-4)计算电流 I,将测量数据和计算结果填入表 2-2-3 和表 2-2-4 中。表中 $\Delta I_1 = I_1 - I$,$\Delta I_2 = I_2 - I$。

表 2-2-3 双表法测量电流

R_1/Ω	R_2/Ω	I_1/mA	I_2/mA	I/mA

表 2-2-4 双表测量电流的误差计算

$\Delta I_1/mA$	$\Delta I_1/I_1 \times 100\%$	$\Delta I_2/mA$	$\Delta I_2/I_2 \times 100\%$

3. 单表两次测量电压

按图 2-2-3 接线,将电压源 U_S 的电压调到 4.5V,取 $R_0=10k\Omega$,$R_2=1k\Omega$,用直流电压

表 5V 挡测量，得到电压 U_1 和 U_2，用电压表直接测量电压源的输出电压，得到 U_S^*，按式(2-2-6)计算电压 U_S，将测量数据和计算结果填入表 2-2-5 和表 2-2-6 中。表中 $\Delta U = U_S - U_S^*$。

表 2-2-5 用单表法两次测量电压

R_0/Ω	R_2/Ω	U_1/V	U_2/V	U_S/V

表 2-2-6 单表测量电压的误差计算

U_S^*/V	$\Delta U/V$	$\Delta U/U\times 100\%$

4. 单表两次测量电流

按图 2-2-4 接线，将电压源 U_S 的输出电压调到 4.5V，取 $R_0=1k\Omega$，$R_2=100\Omega$。用直流电流表 5mA 挡测量 I_1 和 I_2，按式(2-2-8)计算电流 I，将测量数据和计算结果填入表 2-2-7 和表 2-2-8 中。表中 $\Delta I_1 = I_1 - I$，$\Delta I_2 = I_2 - I$。

表 2-2-7 双表法测量电流

R_0/Ω	R_2/Ω	I_1/mA	I_2/mA	I/mA

表 2-2-8 双表测量电流的误差计算

$\Delta I_1/mA$	$\Delta I_1/I_1\times 100\%$	$\Delta I_2/mA$	$\Delta I_2/I_2\times 100\%$

五、选做内容

根据现有元件和实验台上的测量仪器选取电路参数，通过实验验证思考题的方案。

六、思考题

为提高测量效率，将单表两次测量方法改用两块完全相同的测量仪表同时接入电路，是否可行？若可行请给出测量电路图，并推导计算公式；若不可行，说明理由。

实验3　减小测量随机误差实验

任何测量都存在误差，通常将误差分为系统误差、随机误差和疏失误差。本实验通过测量市电电压研究减小随机误差的方法。

一、实验目的

(1) 通过测量市电电压，学习用电安全的基本常识。
(2) 学习和掌握处理随机误差的方法。

二、原理

人们日常所用的市电来自发电厂，发电机发出三相交流电后，为减小输电过程中的电能损耗，用变压器将电压升高，输电电压通常高达几十千伏，甚至几百千伏，在进入居民区或其他用电单位前，再经过变压器降压，变成三相交流电。从降压变压器输出端通常引出四条线：其中三条是相线，也就是人们常说的“火线”，另一条是零线。为便于识别，规定用黑色外皮包覆的导线作为零线。在我国，相线之间的电压标称值是380V；相线与零线之间的电压标称值是220V，也就是通常所说的市电电压。

为确保用电安全，所有用电设备外壳的电位都应与大地电位相等，因此，在输电线路中还有一条称为保护地的导线，其绝缘层为黄绿相间的颜色，这条导线不是从变压器引出的，而是接在用户所在建筑物附近、埋在地下的一块铜板上。

人们日常所用的电气设备，如电灯、电冰箱、电视机、计算机、洗衣机、电磁炉、微波炉、吸尘器等，都以并联方式接在这几条导线上。由于降压变压器的输出端并没有稳压电路，在同一时间挂在同一组输电线路上电气设备的用电总功率越大，输电线路上的电压就越低。大量用电设备的接通时间和关断时间都是随机的，导致输电线路电压随机起伏。同时，由于输电线路非常长，外界电磁干扰也会产生输电线路的电压波动。

为研究电压波动的规律，用电压表随机测量 n 个电压值 u_1、u_2、…、u_n，将电压值划分成若干区间，用统计方法研究落在每一区间测量值的数量。当 n 足够大时，若电压 u 的统计规律能近似符合正态分布曲线，则此时可用标准差 σ 描述测量误差。

设电压 u 服从正态分布，其分布密度为

$$p(u)=\frac{1}{\sqrt{2\pi}\sigma}\mathrm{e}^{-\frac{u-\bar{u}}{2\sigma^2}},\quad -\infty<u<+\infty,\sigma>0 \tag{2-3-1}$$

将第 k 次测量电压的测量值记为 u_k，测量 n 次的电压平均值为

$$\bar{u}=\frac{1}{n}\sum_{k=1}^{n}u_k \tag{2-3-2}$$

电压值平方的平均值为

$$\overline{u^2}=\frac{1}{n}\sum_{k=1}^{n}u_k^2 \tag{2-3-3}$$

电压值的标准差为

$$\sigma = \sqrt{\overline{u^2} - \bar{u}^2} \tag{2-3-4}$$

按照概率统计理论，测量值的误差在$\pm\sigma$范围内的概率为68.27%，测量值的误差在$\pm 2\sigma$范围内的概率为95.45%，测量值的误差在$\pm 3\sigma$范围内的概率为99.73%，所以通常以$\pm 3\sigma$作为衡量正态分布随机误差的标准，测量值记为

$$u = \bar{u} \pm 3\sigma \tag{2-3-5}$$

三、实验仪器和器材

(1) 三相断路器。
(2) 熔断器。
(3) 单相电量表。
(4) 安全导线。

四、实验内容及步骤

1. 测量相线与零线之间的电压有效值

切断实验台总电源开关S，将单相电量表电压线圈的一端接到熔断器FU的一端，熔断器的另一端接到相线U上；电压线圈的另一端直接接到零线N上，如图2-3-1所示。注意，零线与实验电路之间不要接熔断器，以免零线开路相线与实验电路接通的情况发生。

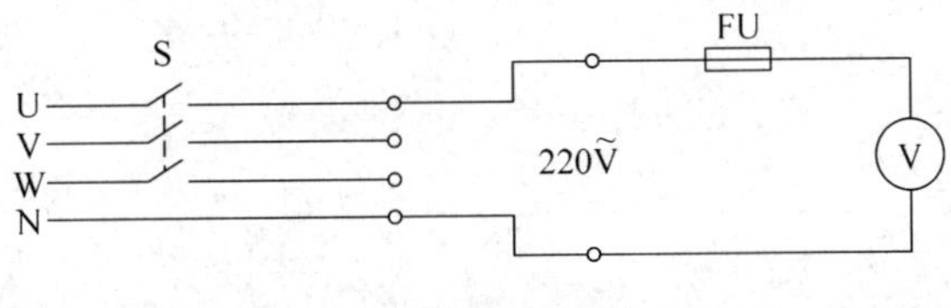

图2-3-1　接线图

接通实验台总电源开关Q，并打开单相电量表的开关，待仪表预热几秒时间后再开始测量。记录n次测量值u_1、u_2、…、u_n，测量时间大约为30min，尽可能多取值，读数保留到0.1V，将测量值填入表2-3-1中。

表2-3-1　电压测量数据

电压测量值/V	相同测量值次数(用正字统计)	次数求和
⋮	⋮	⋮
219.8		
219.9		
220.0		
220.1		
220.2		
⋮	⋮	⋮

2. 计算测量值的标准差

按式(2-3-2)、式(2-3-3)计算电压平均值和电压平方的平均值，精确到0.1V，代入式(2-3-4)计算标准差σ。

3. 绘制测量值误差分布曲线

设测量值等于第k个电压值的次数为N_k，找出其最大值$N_k|_{max}$，定义测量值等于第k个电压的相对次数或称归一化次数为$M_k=N_k/N_k|_{max}$，以相对次数M_k为纵轴，电压U为横轴，绘制测量值误差分布曲线。

五、选做实验

减少测量次数n，考察标准差σ随测量次数变化的规律。分别取$n=10$、$n=50$、$n=100$，计算电压平均值$\bar{u}$和标准差σ，分析变化规律。

六、思考题

(1) 随机误差有什么特点？如何判断测量值存在随机误差？

(2) 怎样减小测量值的随机误差？

实验 4　电子元件伏安特性的测定

在常见的各种电路中，使用频率最高的元件之一是电阻元件。研究元件特性的一种常用方法是绘制伏安特性曲线。对未知元件测量伏安特性曲线后，可以判断元件的特性。

一、实验目的

(1) 掌握电压表、电流表、直流稳压电源等仪器的使用方法。

(2) 学习电阻元件伏安特性曲线的测量方法。

(3) 加深理解欧姆定律，熟悉伏安特性曲线的绘制方法。

二、原理

若二端元件的特性可用加在该元件两端的电压 U 和流过该元件的电流 I 之间的函数关系 $I=f(U)$ 来表征，以电压 U 为横坐标，以电流 I 为纵坐标，绘制 I-U 曲线，则该曲线称为该二端元件的伏安特性曲线。

电阻元件是一种对电流呈阻力特性的元件。当电流通过电阻元件时，电阻元件将电能转化为其他形式的能量，如热能、光能等，同时，沿电流流动的方向产生电压降，流过电阻 R 的电流等于电阻两端电压 U 与电阻阻值之比，即

$$I=\frac{U}{R} \tag{2-4-1}$$

这一关系称为欧姆定律。

若电阻阻值 R 不随电流 I 变化，则该电阻称为线性电阻元件，常用的普通电阻就近似地具有这一特性，其伏安特性曲线为一条通过原点的直线，如图 2-4-1 所示，该直线斜率的倒数为电阻阻值 R。

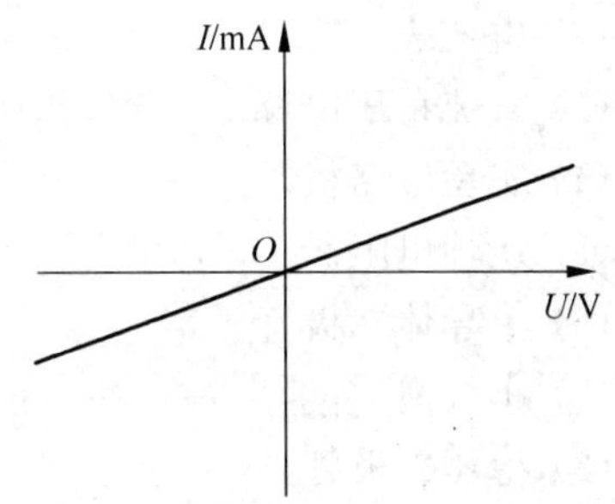

图 2-4-1　线性电阻元件的伏安特性曲线

线性电阻的伏安特性曲线对称于坐标原点，说明在电路中若将线性电阻反接，也不会影响电路参数。这种伏安特性曲线对称于坐标原点的元件称为双向性元件。

白炽灯工作时，灯丝处于高温状态，灯丝的电阻随温度升高而增大，而灯丝温度又与流过灯丝的电流有关，所以，灯丝阻值随流过灯丝的电流而变化，灯丝的伏安特性曲线不再是一条直线，而是如图 2-4-2 所示的曲线。

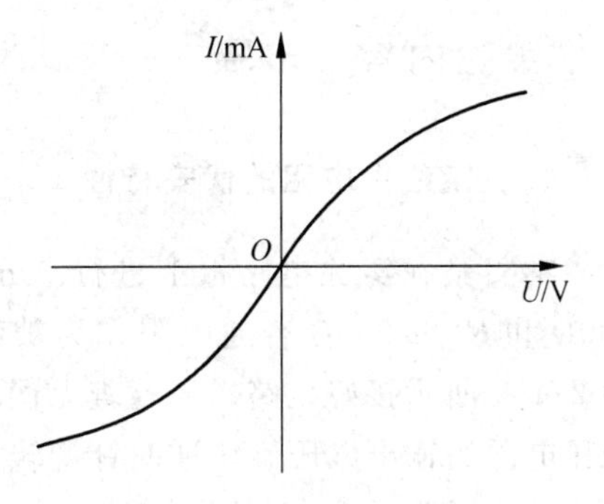

图 2-4-2　白炽灯灯丝的伏安特性曲线

半导体二极管的伏安特性曲线取决于 PN 结

的特性。在半导体二极管的 PN 结上加正向电压时，由于 PN 结正向压降很小，流过 PN 结的电流会随电压的升高而急剧增大；在 PN 结上加反向电压时，PN 结能承受大的压降，流过 PN 结的电流几乎为零。所以，在一定电压变化范围内，半导体二极管具有单向导电的特性，其伏安特性曲线如图 2-4-3 所示。

稳压二极管是一种特殊的二极管，其正向特性与普通半导体二极管的特性相似。加反向电压时，在电压较低的某范围内，电流几乎为零；一旦超出此电压，电流就会突然增加，并保持 PN 结上的电压恒定不变。稳压二极管的伏安特性曲线如图 2-4-4 所示。

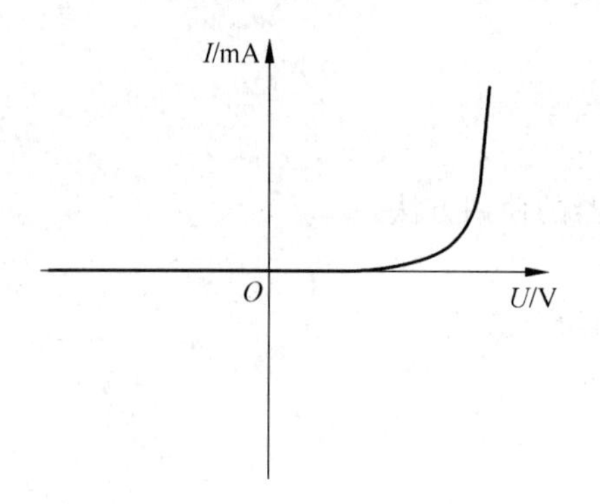

图 2-4-3 半导体二极管的伏安特性曲线

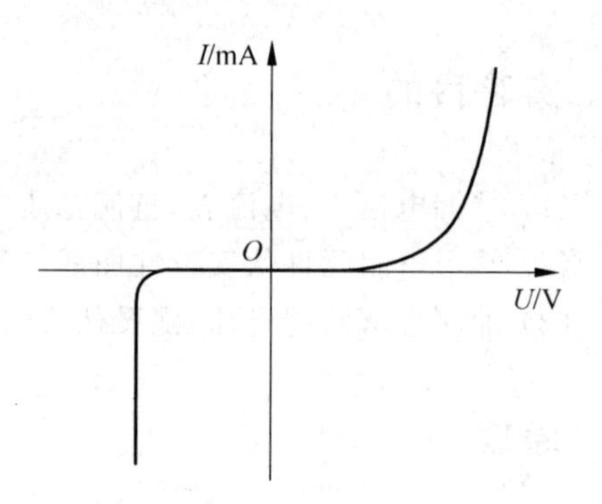

图 2-4-4 稳压二极管的伏安特性曲线

三、实验仪器和器材

(1) 电压表。
(2) 电流表。
(3) 直流稳压电源。
(4) 实验电路板。
(5) 线性电阻。
(6) 半导体二极管。
(7) 小灯泡。
(8) 稳压二极管。
(9) 导线。

四、实验内容及步骤

1. 测定线性电阻的伏安特性

本实验在实验电路板上进行。分立元件 $R=200\Omega$ 和 $R=2\,000\Omega$ 普通电阻作为被测元件，并按图 2-4-5 所示接好线路。经检查无误后，先将直流稳压电源的输出电压旋钮逆时针旋转，确保打开直流稳压电源后的输出电压在 0V 左右，然后再打开

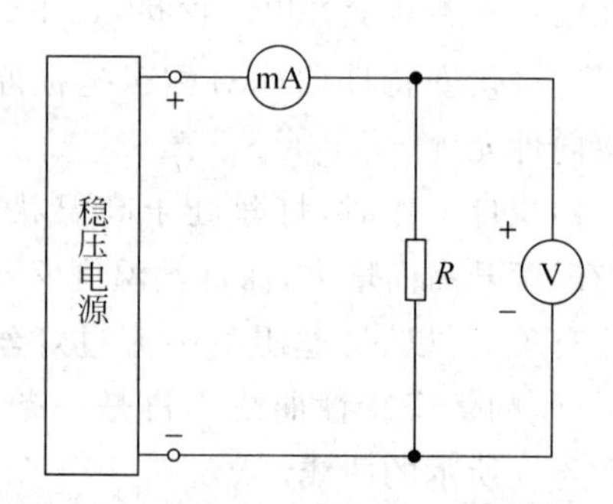

图 2-4-5 测量线性电阻伏安特性的电路

电源的开关。依次调节直流稳压电源的输出电压为表 2-4-1 中所列数值，并将相对应的电流值记录在表中。

表 2-4-1　测定线性电阻的伏安特性

	U/V	0	2	4	6	8	10
R=200Ω	I/mA						
R=2 000Ω	I/mA						

2. 测量半导体二极管的伏安特性

1）正向特性

将稳压电源的输出电压调到 2V 后，关闭电源开关，按图 2-4-6 所示接好线路。经检查无误后，开启稳压电源。调节电位器 W，使电压表读数分别为表 2-4-2 中数值，并将相对应的电流表读数记于表 2-4-2 中。为了便于作图，在曲线弯曲部分可适当多取几个测量点。

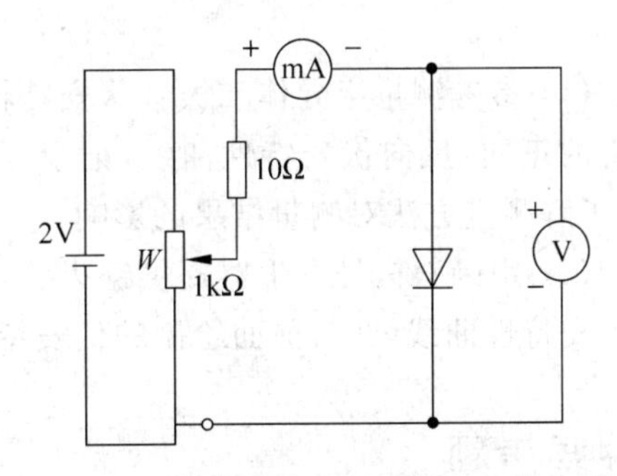

图 2-4-6　测量半导体二极管的正向伏安特性

表 2-4-2　测定二极管的正向伏安特性

U/V	0	0.1	0.2	0.3	0.4	0.5	0.55	0.6	0.65	0.7	0.75
I/mA											

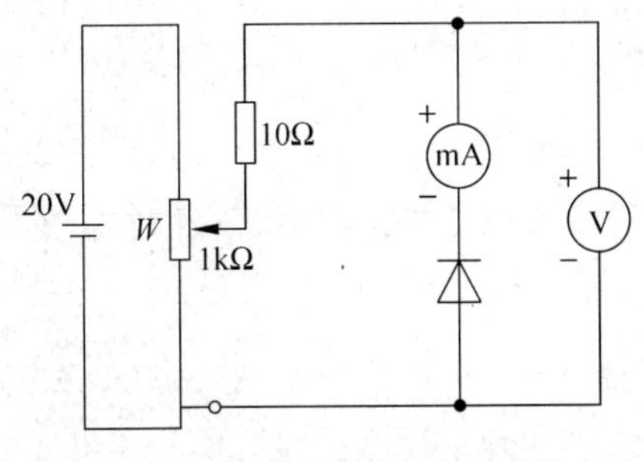

图 2-4-7　测量半导体二极管的反向伏安特性

2）反向特性

按图 2-4-7 所示接好线路。经检查无误后，开启稳压电源，将其输出电压调至 20V。调节电位器 W，使电压表的读数分别为表 2-4-3 中所列数值，并将相应的电流值记入表 2-4-3 中。

表 2-4-3　测定二极管的反向伏安特性

U/V	0	5	10	15	20
I/mA					

3. 测定小灯泡灯丝的伏安特性

本实验采用低压小灯泡作为测试对象。

按图 2-4-8 所示接好电路，并将直流稳压电源的输出电压调到 0V 左右。经检查无误后，打开直流稳压电源开关。依次调节电源输出电压为表 2-4-4 所列数值。并将相对应的电流值记录在表 2-4-4 中。

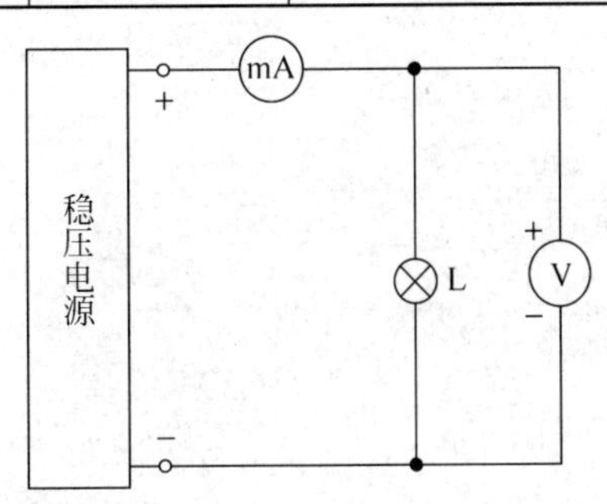

图 2-4-8　测量小灯泡灯丝的伏安特性

注意，在打开电源开关前一定先将电压调节旋钮逆时针调到电压最小的位置。

表 2-4-4 测定小灯泡灯丝的伏安特性

U/V	0	0.4	0.8	1.2	1.6	2	3	4	5	6	8
I/mA											

五、选做实验

（1）参考测量半导体二极管伏安特性曲线的方法，分别用内接法和外接法测量稳压二极管的正向、反向伏安特性曲线，记录测量数据后，绘制完整的伏安特性曲线，对比两条曲线，了解测量方法对测量结果的影响。

（2）用函数信号发生器提供锯齿波，代替直流稳压电源，从示波器上观测 2 000Ω 电阻的伏安特性曲线，并与前面绘制的伏安特性曲线比较。

六、思考题

（1）比较图 2-4-7 和图 2-4-8 中电压表和电流表的接法，为什么采用不同的接法？

（2）通过比较线性电阻与灯丝的伏安特性曲线，分析这两种元件的性质有什么异同？

（3）什么叫双向元件？本实验所用的元件中哪些是双向元件？哪些不是？

实验5　电压源与电流源的等效变换

在分析和计算电路参数时，经常将电压源与电流源做等效变换，使电路得到简化。

一、实验目的

（1）通过实验加深对电流源及其外特性的认识。
（2）掌握电流源和电压源进行等效变换的条件。

二、原理

电压源是给外电路提供电压的电源，电压源分理想电压源和实际电压源。

理想电压源的输出电压为恒定值，不随外接负载变化。理想电压源的电路模型及其伏安特性如图2-5-1所示。

实际电压源的输出电压随外接负载变化。负载的阻值越大，电压源的输出电压越高，当负载的阻值达到无穷大时，实际电压源的输出电压达到最大值，记为U_S。实际电压源可以用一个输出电压为U_S的理想电压源与一个内阻R_S串联的电路模型表示。实际电压源的电路模型和伏安特性曲线如图2-5-2所示。

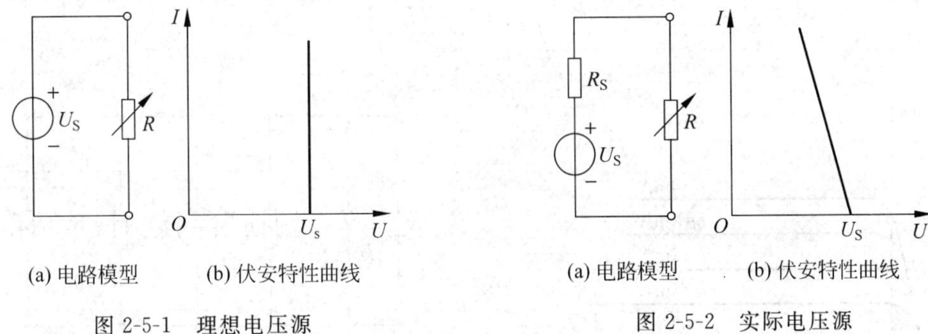

(a) 电路模型　(b) 伏安特性曲线

图2-5-1　理想电压源

(a) 电路模型　(b) 伏安特性曲线

图2-5-2　实际电压源

电流源是除电压源以外的另一种形式的电源，它可以产生电流提供给外电路。电流源可分为理想电流源和实际电流源（实际电流源通常简称电流源）。

不论外电路的电阻大小如何，理想电流源均可以向外电路提供一个恒值电流I_S。理想电流源具有两个基本性质：第一，它的电流是恒值的，而与其端电压的大小无关；第二，理想电流源的端电压并不能由它本身决定，而是由与之相连接的外电路确定的。理想电流源电路模型及其伏安特性曲线如图2-5-3所示。

实际电流源的输出电流并非恒定值，而是随负载的增大而减小。负载的阻值越大，电流下降得越多；相反，负载的阻值越小，流过外电路的电流越大。当负载的阻值为零时，流过外电路的电流最大，记为I_S。实际电流源可以用一个输出电流为I_S的理想电流源和一个内

阻 R_S 相并联的电路模型表示。实际电流源的电路模型及其伏安特性曲线如图 2-5-4 所示。

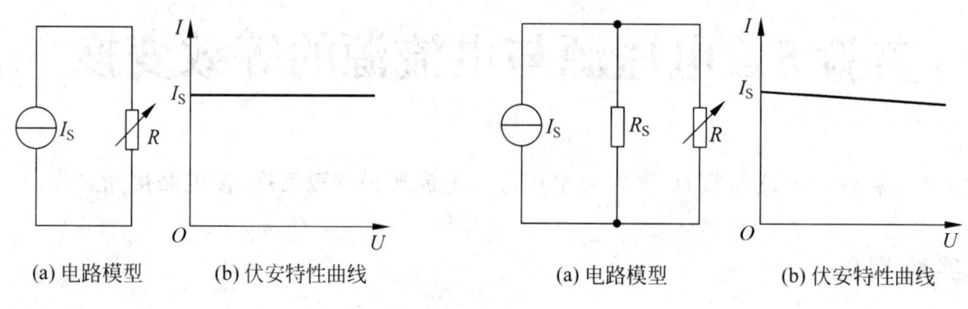

图 2-5-3 理想电流源　　　　图 2-5-4 实际电流源

某些器件的伏安特性具有近似理想电流源的性质，如硅光电池、晶体三极管输出特性等。本实验选做内容中的电流源是用晶体管来实现的。晶体三极管在共基极连接时，集电极电流 I_C 和集电极与基极间的电压(集电结电压)U_{CB}的关系如图 2-5-5 所示。由图可见，关系曲线 $I_C=f(U_{CB})$的平坦部分具有恒流特性，当 U_{CB}在一定范围变化时，集电极电流 I_C 近乎恒定值 I_0，可以近似地将其视为理想电流源。

电源的等效变换：

一个实际的电源，就其外部特性而言，既可以看成是一个电压源，也可以看成是一个电流源。原理证明如下：设有一个电压源和一个电流源分别与相同阻值的外电阻 R 相接，如图 2-5-6 所示。对于电压源来说，电阻 R 两端的电压 U 和流过电阻 R 的电流 I 之间的关系为

$$U=U_S-I\cdot R_S$$

或

$$I=\frac{U_S-U}{R_S}$$

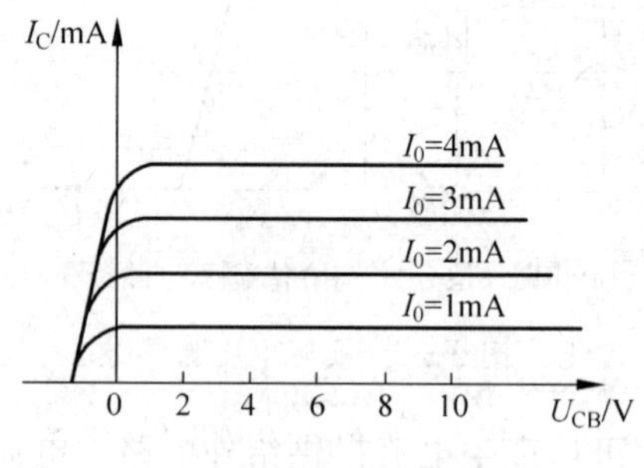

图 2-5-5 三极管特性

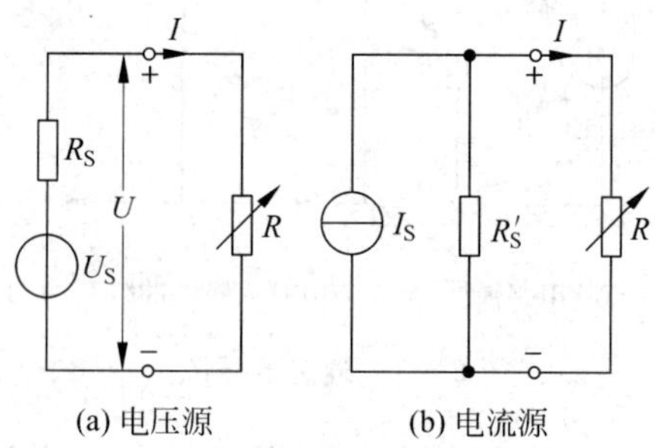

图 2-5-6 电压源与电流源的等效变换

对于电流源电路来说，电阻 R 两端的电压 U 和流过该电阻的电流 I 之间的关系可表示为

$$I=I_S-\frac{U}{R'_S}$$

或

$$U=I_S\cdot R'_S-I\cdot R'_S$$

如果两种电源的参数满足以下关系，即

$$I_S = \frac{U_S}{R_S} \tag{2-5-1}$$

$$R_S = R'_S \tag{2-5-2}$$

则电压源电路的两个表达式可以写成

$$U = U_S - I \cdot R_S = I_S \cdot R'_S - I \cdot R'_S$$

或

$$I = \frac{U_S - U}{R_S} = I_S - \frac{U}{R'_S}$$

可见表达式与电流源电路的表达式是完全相同的，也就是说，在满足式(2-5-1)和式(2-5-2)的条件下，两种电源对外电路电阻 R 是完全等效的。两种电源互相替换对外电路将不发生任何影响。

式(2-5-1)和式(2-5-2)为电源等效互换的条件。利用这两个条件可以很方便地把一个参数为 U_S 和 R_S 的电压源变换为一个参数为 $I_S=\frac{U_S}{R_S}$ 和 R_S 的等效电流源；反之，也可以容易地把一个电流源转换成一个等效的电压源。

三、实验仪器和器材

(1) 0～30V 限流直流稳压电源。
(2) ±15V 限流直流稳压电源。
(3) 0～200mA 可调恒流源。
(4) 电阻。
(5) 电阻器。
(6) 三极管。
(7) 交、直流电压、电流表。
(8) 实验电路板。
(9) 短接桥。
(10) 导线。

四、实验内容及步骤

1. 测绘理想电压源的伏安特性曲线

按图 2-5-7 所示连接电路。将图中的电压源调至 U_S=15V，负载电阻 R 为电阻箱。按表 2-5-1 中所给阻值调整电阻箱，测量负载电阻 R 两端的电压 U、流过负载电阻 R 的电流 I，将测量数据填入表 2-5-1 中，并按测量数据绘制理想电压源的伏安特性曲线。

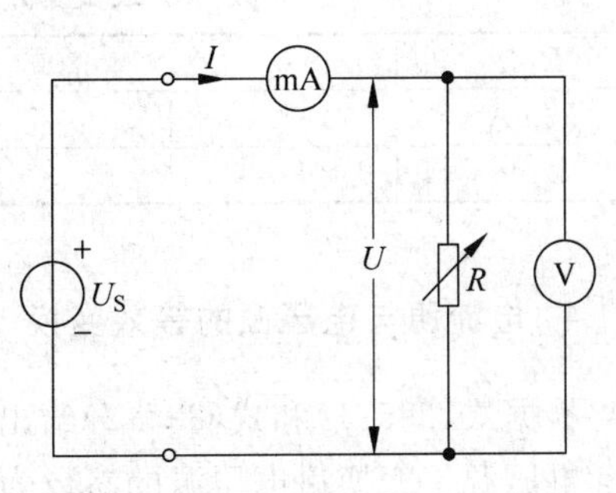

图 2-5-7　理想电压源测量电路

表 2-5-1 测试理想电压源的伏安特性

R/Ω	0	200	400	600	800	1k
I/mA						
U/V						

2. 测绘理想电流源的伏安特性曲线

按图 2-5-8 所示连接电路。将图中的电流源调至 $I_S=15\text{mA}$,负载电阻 R 为电阻箱。按表 2-5-2 中所给阻值调整电阻箱,测量负载电阻 R 两端的电压 U、流过负载电阻 R 的电流 I,将测量数据填入表 2-5-2 中,并按测量数据绘制理想电流源的伏安特性曲线。

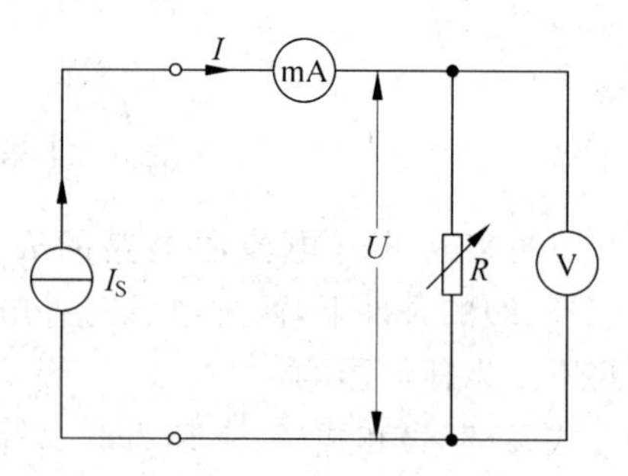

图 2-5-8 理想电流源测量电路

表 2-5-2 测试理想电流源的伏安特性

R/Ω	0	200	400	600	800	1k
I/mA						
U/V						

3. 测绘实际电流源的伏安特性曲线

用理想电流源 I_S 和 $R_S=1\text{k}\Omega$ 的电阻并联,构成一个模拟的实际电流源。该电流源及测量电路如图 2-5-9 所示。其中 R_S 用元件箱中的固定电阻,负载电阻 R 用电阻箱,理想电流源的电流调至 $I_S=15\text{mA}$。

按表 2-5-3 中所给的阻值调整电阻箱,测量负载 R 两端的电压 U、流过负载 R 的电流 I,将测量数据填入表 2-5-3 中,并按测量数据绘制实际电流源的伏安特性曲线。

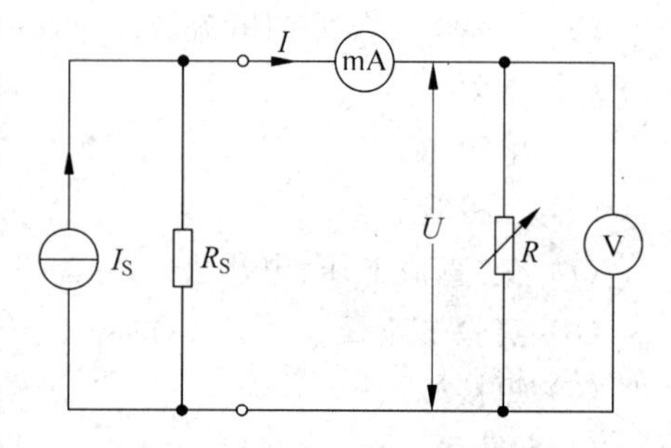

图 2-5-9 实际电流源测量电路

表 2-5-3 测试实际电流源的伏安特性

R/Ω	0	200	400	600	800	1k
I/mA						
U/V						

4. 电流源与电压源的等效变换

根据式(2-5-1)和式(2-5-2)给出的电源等效变换条件,可将实际电流源变换成等效的实际电压源。变换后电压源的参数为

$$R_S = 1\text{k}\Omega$$

$$U_S = I \cdot R_S = 15\text{mA} \cdot 1\text{k}\Omega = 15\text{V}$$

等效电路如图 2-5-10 所示。按表 2-5-4 中所给的阻值调整电阻箱，测量负载(电阻箱)R 两端的电压 U、流过负载 R 的电流 I，将测量数据填入表 2-5-4 中，对比表 2-5-4 和表 2-5-3 中的数据，验证图 2-5-9 与图 2-5-10 中电源的等效性。

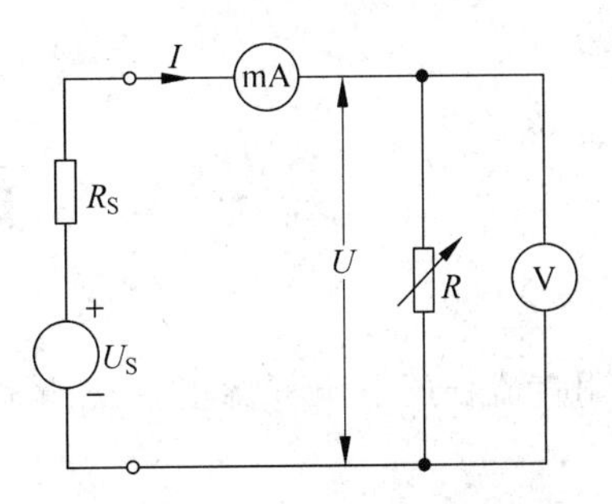

图 2-5-10　实际电流源的等效电路

表 2-5-4　从电流源到电压源的等效变换

R/Ω	0	200	400	600	800	1k
I/mA						
U/V						

五、选做内容

用两个理想电压源、一个三极管、两个电阻组成实际电源，如图 2-5-11 所示，开路输出电压为 15V。测量其伏安特性，并绘制伏安特性曲线。

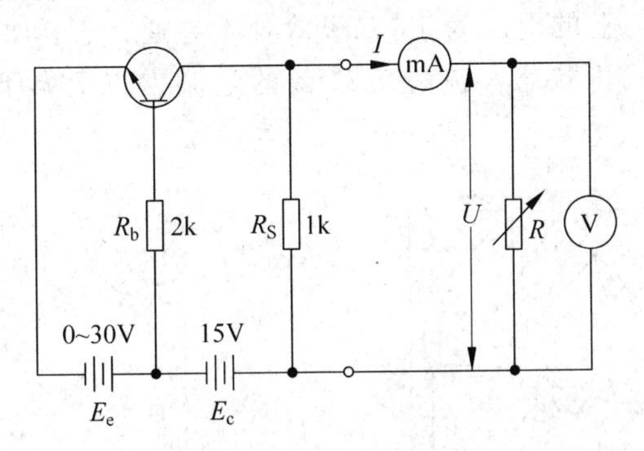

图 2-5-11　选做实验电路

六、思考题

(1) 电压源和电流源等效变换的条件是什么?

(2) 恒压源和恒流源是否能够进行等效变换? 为什么?

(3) 若将实验电路中负载电阻的阻值调到 100kΩ，则流过负载电阻的电流远小于 15mA，试解释这一现象。

实验6　直流稳压电源实验

用直流稳压电源可将正弦交流电变成电压恒定的直流电，这种电源得到非常广泛的应用。

一、实验目的

（1）学习使用单相变压器、全波整流电路、三端集成稳压块、电容滤波等元件。

（2）学习检验直流稳压电源主要性能指标的方法。

二、原理

全波整流电路（整流桥）将正弦交流电变换成脉动的直流电，它由4个特性相同的半导体二极管组成，如图2-6-1所示。当交流电为220V市电时，输入电压波形如图2-6-2(a)所示。在正半周时，两个输入端子的极性是上方为正，下方为负，根据电压方向和二极管特性，加在二极管D_1和D_3上的电压为正，二极管处于导通状态；加在二极管D_2和D_4上的电压为负，二极管处于截止状态。流过负载Z的电流为自上向下的方向，如图2-6-1(a)所示。

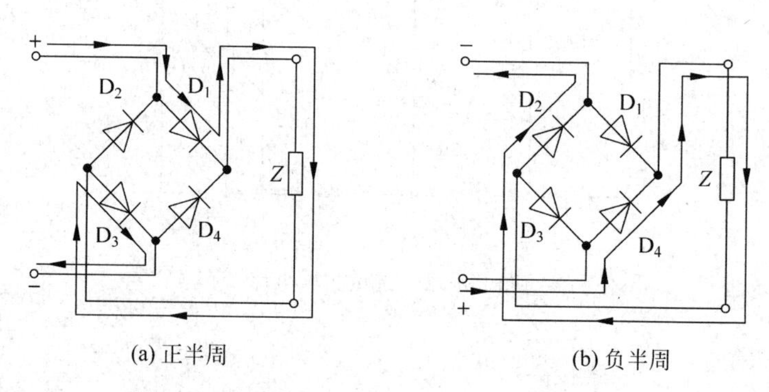

(a) 正半周　　(b) 负半周

图2-6-1　全波整流电路的组成及其工作原理

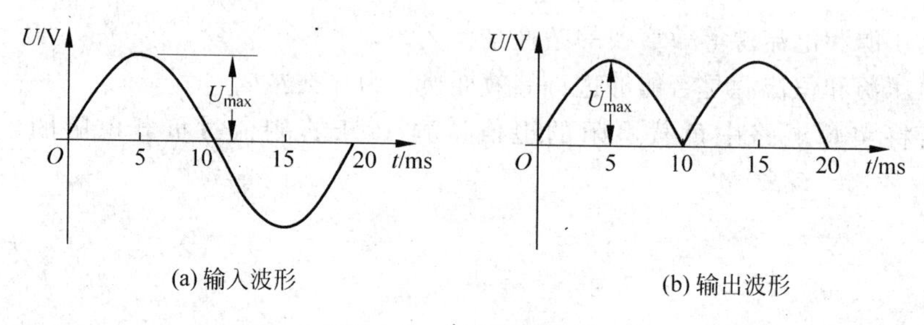

(a) 输入波形　　(b) 输出波形

图2-6-2　全波整流波形

在负半周时，两个输入端子的极性是上方为负，下方为正，根据电压方向和二极管特性，加在二极管 D_1 和 D_3 上的电压为负，二极管处于截止状态；加在二极管 D_2 和 D_4 上的电压为正，二极管处于导通状态。流过负载 Z 的电流仍然为自上向下的方向，如图 2-6-1(b)所示。由此可以看出，全波整流电路将交流电变为脉动的直流电，输出电压波形如图 2-6-2(b)所示。

稳压电源的主要性能指标有输出电阻、稳压系数和纹波电压。

输出电阻 r_o 定义为输入电压不变时，由于负载变化而引起的输出电压变化量 ΔU 与输出电流变化量 ΔI 之比，即

$$r_o = \frac{\Delta U}{\Delta I} \tag{2-6-1}$$

稳压系数 S 定义为负载不变时输出电压的相对变化量 $\frac{\Delta U_o}{U_o}$ 与输入电压的相对变化量 $\frac{\Delta U_i}{U_i}$ 之比，即

$$S = \frac{\Delta U_o / U_o}{\Delta U_i / U_i} \tag{2-6-2}$$

纹波电压定义为额定负载下输出电压中交流分量的有效值。

三、实验仪器和器材

(1) 单相自耦调压器(代替直流稳压电源中的变压器)。
(2) 全波整流电路(整流桥或4个整流二极管)。
(3) 三端集成稳压块(7806)。
(4) 滤波电容(100μF/25V)。
(5) 电压表。
(6) 示波器。
(7) 负载电阻。

四、实验内容及步骤

1. 检验电路元件

调压器原边接220V/50Hz交流电，用电压表测量调压器副边的电压。若转动调压器旋钮时，调压器副边电压随旋钮的转角发生变化，则调压器工作正常；若调压器输出始终为零，则有可能是调压器上的熔断器被烧断；若调压器输出不为零，但是输出电压不随旋钮转动而变化，则有可能是旋钮失灵；若通电后有焦糊气味，或有烟雾冒出，说明调压器内部的线圈短路，需要立即切断电源，更换调压器。

调整调压器旋钮，使输出电压为7V，将整流桥的输入端与调压器的输出端连接，用直流电压表测量整流桥的输出电压。若输出电压为7V左右，则整流桥工作正常；若电压过低，但不为零，则说明有一个或不相邻的两个二极管工作不正常；若电压为零，则至少有两个相邻的二极管工作不正常。

将 100μF/25V 的电解电容接到整流桥的输出端，用直流电压表测量电容两端的电压，此电压应高于整流桥空载时的输出电压。若电容两端的电压与整流桥空载时的电压相等，则说明电容两极断路；若电容两端电压低于整流桥空载输出电压，则说明电容漏电、短路或电容极性接反。

将三端集成稳压块的输入端并联到电容上，从稳压器输出端应得到稳定的 5V 电压。

2. 组成直流稳压电源

按图 2-6-3 连接电路，构成直流稳压电源。用滑线变阻器作为直流稳压电源的负载，在稳压器额定电流决定的范围内改变负载电阻的阻值，直流稳压电源的输出电压应保持不变。

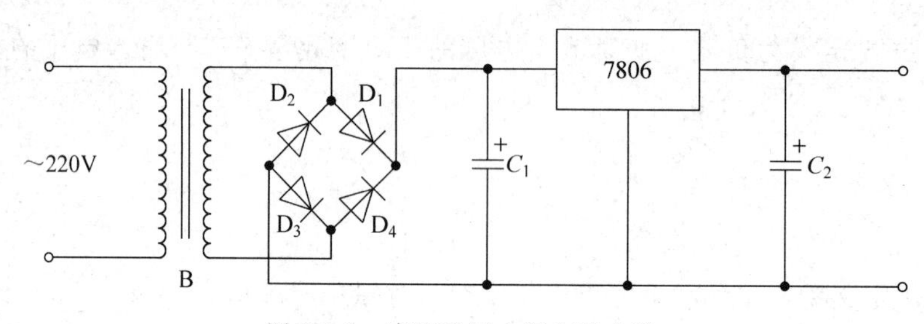

图 2-6-3 直流稳压电源实验电路

3. 观察稳压电源各点的波形

用电压表测量变压器副边电压有效值 U_1、全波整流电路输出电压有效值 U_2、直流稳压电源输出端电压有效值 U_3。

用示波器观察各元件上的电压波形。

(1) 断开整流桥，观察变压器副边的电压波形。

(2) 接好整流桥，断开电容 C_1 及集成稳压块 7806，在整流桥输出端观察全波整流后的电压波形。

(3) 接通滤波电容 C_1，从电容上观察电容滤波后的电压波形。

(4) 接好集成稳压块 7806，观察稳压后的电压波形。

(5) 接上电容 C_2，观察二次滤波后的电压波形。

4. 测量稳压电源的主要性能

1) 输出电阻

稳压电源输出端接一个 6V/6W 小灯泡，用交、直流电压/电流表测量灯泡两端的电压 U_1 和流过灯泡的电流 I_1；保持输入电压不变，用两个 6V/6W 小灯泡串联作为负载，接到稳压电源的输出端，测量负载两端的电压 U_2 和流过负载的电流 I_2，按式(2-6-1)计算稳压电源的输出电阻，将测量值和计算值一起填入表 2-6-1 中。

表 2-6-1 测量输出电阻

U_1/V	I_1/mA	U_2/V	I_2/mA	r_o/Ω

2）稳压系数

稳压电源输出端接一个 6V/6W 小灯泡，用交、直流电压/电流表测量灯泡两端的电压 U_1 和流过灯泡的电流 I_1；调节自耦调压器，使稳压电源的输入电压升高 10%，测量灯泡两端的电压 U_2 和流过灯泡的电流 I_2，根据式(2-6-2)计算输入电压的相对变化量、输出电压的相对变化量和稳压系数，将测量值和计算值填入表 2-6-2 中。

表 2-6-2 测量稳压系数

U_1/V	U_2/V	$\Delta U_i/U_i$	$\frac{\Delta U_o}{U_o}=\frac{U_2-U_1}{U_1}$	S
		10%		

3）纹波电压

稳压电源输出端接 6V/6W 小灯泡，用示波器测量输出电压中交流分量的峰峰值，换算成有效值，即纹波电压。

五、选做内容

用示波器观察并绘制接通稳压电源和关断稳压电源时空载输出电压的过渡过程曲线。改变电容的容量，观察过渡过程曲线的变化。

六、思考题

在本实验中，三端集成稳压器的输入端和输出端各有一个电解电容，这两个电容起什么作用？为什么选用电解电容？

实验7　电阻Y形连接与△形连接的等效变换

Y-△等效变换是简化电路时常用的方法之一，通过对本实验的学习，可加深理解等效变换公式。

一、实验目的

(1) 进一步熟悉测量电压、电流、电阻的方法。

(2) 验证电阻Y形连接与△形连接的等效变换公式。

二、原理

在某些复杂电路中，很难直接用串联或并联公式进行分析和计算，通常将Y形连接的3个电阻等效变换成△形连接的3个电阻，或将△形连接的3个电阻等效变换成Y形连接的3个电阻，结合串并联电阻变换，经过若干次简化，可以将原来复杂的电路变得非常简单。Y形连接的3个电阻如图2-7-1所示，△形连接的3个电阻如图2-7-2所示。

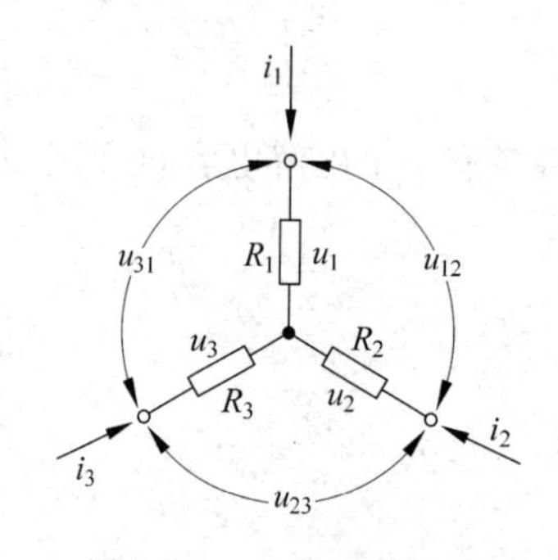

图2-7-1　电阻Y形连接

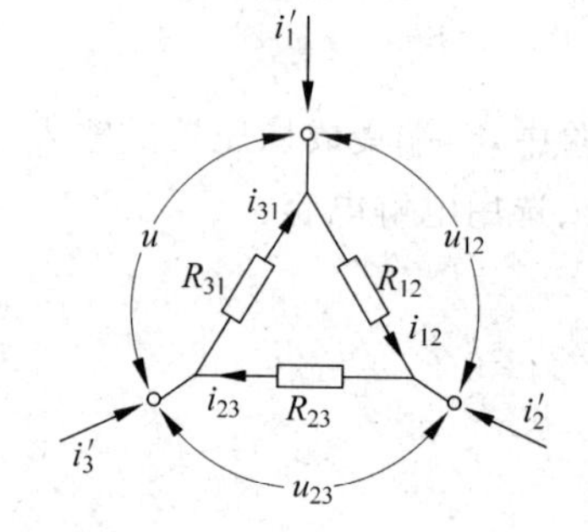

图2-7-2　电阻△形连接

Y形连接的3个电阻(R_1，R_2，R_3)与△形连接的3个电阻(R_{12}，R_{23}，R_{31})彼此等效，应满足以下条件。

(1) 对应端子之间具有相同的电压，即

$$\begin{cases} u'_{12}=u_{12} \\ u'_{23}=u_{23} \\ u'_{31}=u_{31} \end{cases} \tag{2-7-1}$$

(2) 流入端子的电流相同，即

$$\begin{cases} i'_1=i_1 \\ i'_2=i_2 \\ i'_3=i_3 \end{cases} \tag{2-7-2}$$

在图 2-7-1 所示的电路中存在如下关系，即

$$\begin{cases} i_1 + i_2 + i_3 = 0 \\ R_1 i_1 - R_2 i_2 = u_{12} \\ R_2 i_2 - R_3 i_3 = u_{23} \end{cases} \tag{2-7-3}$$

在图 2-7-2 所示电路中存在如下关系，即

$$\begin{cases} i'_1 = \dfrac{u_{12}}{R_{12}} - \dfrac{u_{31}}{R_{31}} \\ i'_2 = \dfrac{u_{23}}{R_{23}} - \dfrac{u_{12}}{R_{12}} \\ i'_3 = \dfrac{u_{31}}{R_{31}} - \dfrac{u_{23}}{R_{23}} \end{cases} \tag{2-7-4}$$

由式(2-7-1)、式(2-7-2)、式(2-7-3)、式(2-7-4)得到电阻 Y 形连接到电阻△形连接的等效变换公式为

$$\begin{cases} R_{12} = \dfrac{R_1R_2 + R_2R_3 + R_3R_1}{R_3} \\ R_{23} = \dfrac{R_1R_2 + R_2R_3 + R_3R_1}{R_1} \\ R_{31} = \dfrac{R_1R_2 + R_2R_3 + R_3R_1}{R_2} \end{cases} \tag{2-7-5}$$

以及由电阻△形连接到电阻 Y 形连接的等效变换公式

$$\begin{cases} R_1 = \dfrac{R_{12}R_{31}}{R_{12} + R_{23} + R_{31}} \\ R_2 = \dfrac{R_{23}R_{12}}{R_{12} + R_{23} + R_{31}} \\ R_3 = \dfrac{R_{31}R_{23}}{R_{12} + R_{23} + R_{31}} \end{cases} \tag{2-7-6}$$

三、实验仪器和器材

(1) 5V 电压源。
(2) 12V 电压源。
(3) 电阻。
(4) 电阻箱。
(5) 交、直流电压/电流表。
(6) 实验电路板。
(7) 导线。

四、实验内容及步骤

1. 电阻从 Y 形连接到△形连接的等效变换

实验电路如图 2-7-3 所示，取 $R_1 = 100\Omega$，$R_2 = 200\Omega$，$R_3 = 620\Omega$，在节点 1、3 之间加 5V

电压，在节点 2、3 之间加 15V 电压。

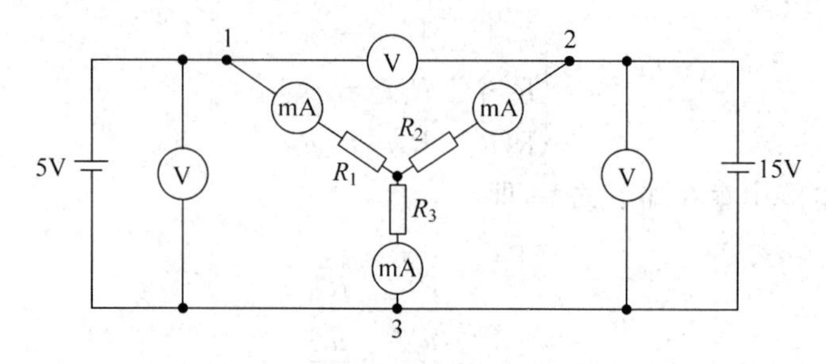

图 2-7-3 电阻 Y 形连接实验

用电压表和毫安表测量电路参数后，填入表 2-7-1 中。

表 2-7-1 电阻 Y 形连接的电路参数

u_{12}/V	u_{23}/V	u_{31}/V	i_1/mA	i_2/mA	i_3/mA

将表 2-7-1 中的数据代入式(2-7-5)，计算 R_{12}、R_{23}、R_{31}，填入表 2-7-2 中。

表 2-7-2 Y-△等效变换的电阻

电阻 Y 形连接			电阻△形连接		
R_1/Ω	R_2/Ω	R_3/Ω	R_{12}/Ω	R_{23}/Ω	R_{31}/Ω

按图 2-7-4 所示连接电路，图中的 3 个电阻呈△形连接，电阻阻值为表 2-7-2 中的计算值。测量电路参数，将测量结果填入表 2-7-3 中。

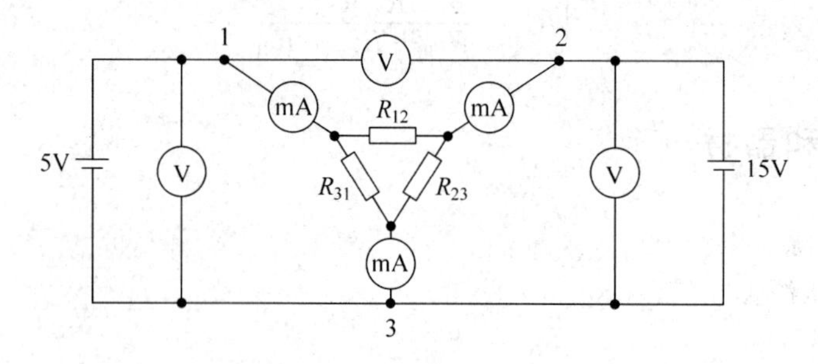

图 2-7-4 电阻 Y 形连接变换为△形连接的等效电路

表 2-7-3 电路参数的等效性验证

u_{12}/V	u_{23}/V	u_{31}/V	i'_1/mA	i'_2/mA	i'_3/mA

对比表 2-7-1 和表 2-7-3 中相对应的实验数据，给出结论。

2. 电阻从△形连接到 Y 形连接的等效变换

按图 2-7-4 接线，取 $R_{12}=100\Omega$，$R_{23}=200\Omega$，$R_{31}=200\Omega$，用电压表和毫安表测量电路参

数，填入表 2-7-4 中。

表 2-7-4　电阻△形连接的电路参数

u_{12}/V	u_{23}/V	u_{31}/V	i_1'/mA	i_2'/mA	i_3'/mA

根据式(2-7-6)计算 R_1、R_2、R_3，填入表 2-7-5。

表 2-7-5　△-Y 等效变换

电阻△形连接			电阻 Y 形连接		
R_{12}/Ω	R_{23}/Ω	R_{31}/Ω	R_1/Ω	R_2/Ω	R_3/Ω

按图 2-7-3 接线，图中电阻取自表 2-7-5 中的计算值，测量电路参数，填入表 2-7-6 中。

表 2-7-6　电阻△形连接电路变换成 Y 形连接电路的电路参数

u_{12}/V	u_{23}/V	u_{31}/V	i_1/mA	i_2/mA	i_3/mA

对比表 2-7-4 和表 2-7-6 中相应的参数测量值，给出结论。

五、选做实验

四面体的 6 条棱分别为电阻 R_1、R_2、R_3、R_4、R_5、R_6，$R_1=R_3=R_5=1\text{k}\Omega$，$R_2=R_4=R_6=2\text{k}\Omega$，在 R_5 两端接 15V 电压，在 R_6 两端接 5V 电压，如图 2-7-5 所示，给出简化电路，通过实验验证简化前后两个电路的等效性。

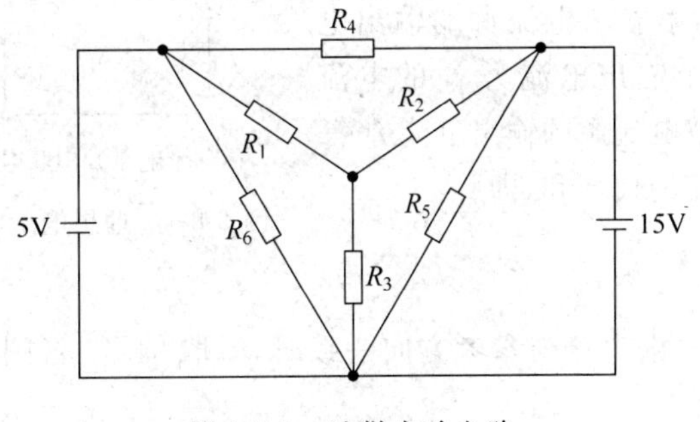

图 2-7-5　选做实验电路

六、思考题

(1) 实验中能否用恒流源代替恒压源？为什么？

(2) 实验中用输出阻抗为 1kΩ 的 15V 电池代替 15V 恒压源，实验结果会有什么变化？

实验 8　电压源、电流源的串联、并联及等效变换

在分析和计算含有若干个电源的复杂电路时，往往需要将电路中串联或并联的电压源或电流源进行等效变换，使电路得到简化。

一、实验目的

(1) 通过实验进一步认识电压源、电流源串联和并联的规律。

(2) 掌握等效变换的方法。

二、原理

1. 理想电源的串并联

将 n 个电压源 $u_{Sk}(k=1,2,\cdots,n)$ 串联的电路，可以等效成一个输出电压为 u_S 的电压源，如图 2-8-1 所示，等效电压源的输出电压 u_S 等于这 n 个电压源输出电压的代数和，即

$$u_S = \sum_{k=1}^{n} u_{Sk} \qquad (2\text{-}8\text{-}1)$$

其中，当第 k 个电压源的输出电压与参考方向一致时，u_{Sk} 取"＋"；否则取"－"。

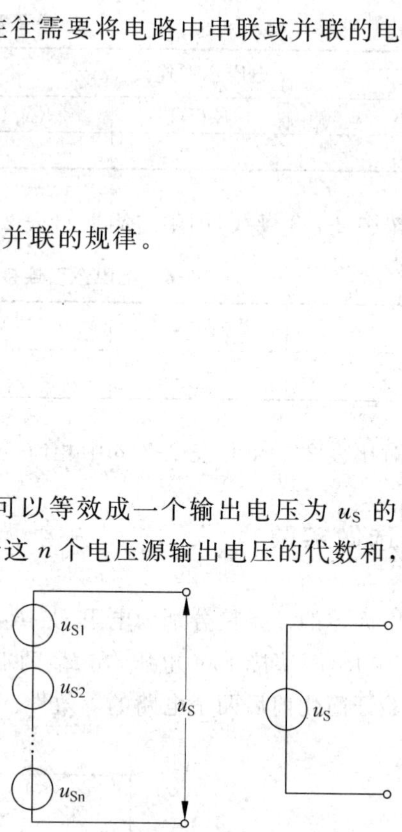

(a) n个电压源串联电路　　(b) 等效电路

图 2-8-1　理想电压源的串联及其等效变换

将 n 个电流源并联，第 k 个电流源的输出电流为 i_{Sk}，可以等效成一个输出电流为 i_S 的电流源，如图 2-8-2 所示，等效电流源的输出电流 i_S 等于这 n 个电流源输出电流的代数和，即

$$i_S = \sum_{k=1}^{n} i_{Sk} \qquad (2\text{-}8\text{-}2)$$

其中当第 k 个电流源的输出电流与参考方向一致时，i_{Sk} 取"＋"；否则取"－"。

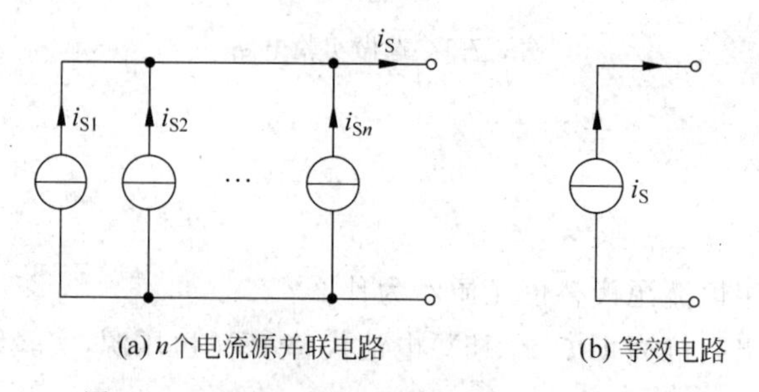

(a) n个电流源并联电路　　(b) 等效电路

图 2-8-2　理想电流源并联电路及其等效变换

当若干个电压源的输出电压完全相等时，才允许它们并联，但是并联后总电流在各电压源上的分配规律不确定。电压源并联后可以等效成一个电压源，等效电压源的输出电压不变。

当若干个电流源的输出电流完全相等时，才允许它们串联，但是串联后总电压在各电流源上的分配规律不确定。电流源串联后可以等效成一个电流源，等效电流源的输出电流不变。

2. 实际电源的串并联

在一定条件下，实际电源可以采用两种电路模型：①理想电压源 u_S 与线性电阻 R_S 串联，电路模型如图 2-8-3(a)所示；②理想电流源 i_S 与电导 G 并联，电路模型如图 2-8-3(b)所示。两个电路模型等效的条件为

$$\begin{cases} G = \dfrac{1}{R_S} \\ u_S = R_S \cdot i_S \end{cases} \tag{2-8-3}$$

实际电源的伏安特性曲线如图 2-8-3(c)所示。

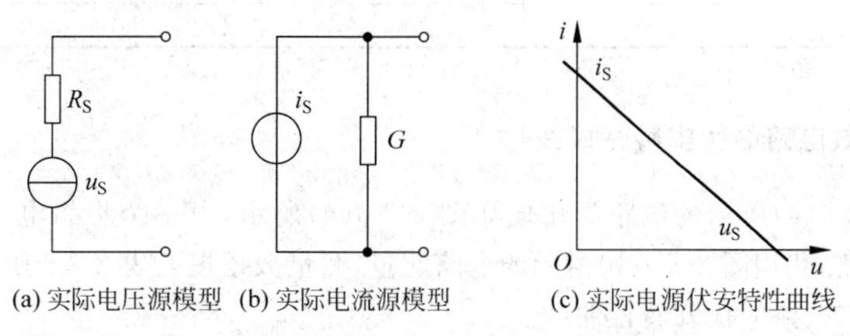

(a) 实际电压源模型　(b) 实际电流源模型　(c) 实际电源伏安特性曲线

图 2-8-3　实际电源的两种模型及伏安特性曲线

三、实验仪器和器材

(1) 12V 电压源。
(2) 5V 电压源。
(3) 可调电流源。
(4) 交、直流电压/电流表。
(5) 实验电路板。
(6) 固定电阻。
(7) 电阻箱。
(8) 导线。

四、实验内容及步骤

1. 测量实际电路的伏安特性曲线

实验电路由 3 个电源和一个电阻组成，如图 2-8-4 所示，电路的输出端为 AB。为了测量 AB 端的伏安特性曲线，在 AB 端接一个电阻箱作为负载，改变电阻箱的阻值 R，用电压表和毫安表测量负载 R 上的电压 U_{AB} 和流过负载 R 的电流 I_R，测量结果填入表 2-8-1 中，

并根据表 2-8-1 中的数据绘制该电路的伏安特性曲线。

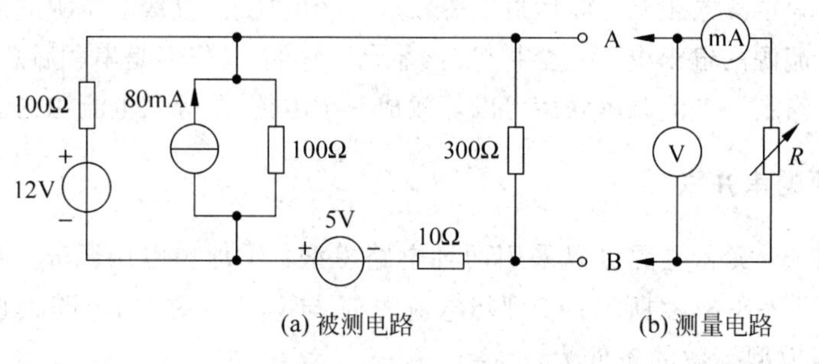

(a) 被测电路　　(b) 测量电路

图 2-8-4 实验电路

表 2-8-1 测量伏安特性

R/Ω	0	200	400	600	800	1000	∞
U_{AB}/V							
I_R/mA							

2. 测量等效电路的伏安特性曲线

将如图 2-8-4(a)所示的电路简化成如图 2-8-3(a)所示，由一个理想电压源和一个线性电阻串联的电路，仍用图 2-8-4(b)所示的电路测量，测量数据填入表 2-8-2 中，并根据表 2-8-2 中的数据绘制该电路的伏安特性曲线。

表 2-8-2 测量伏安特性

R/Ω	0	200	400	600	800	1000	∞
U_{AB}/V							
I_R/mA							

3. 比较两组实验结果并给出结论

五、选做实验

自拟电路进行等效变换，验证电路的等效性。要求使用实验台上提供的电压源和电流源、元件盒中的元件、电阻箱，自拟电路应包括 3、4 个电源和若干个电阻，设计时需按每个电阻的功率计算允许的电流。

六、思考题

(1) 任何实际电源都能等效成电压源与线性电阻串联的电路模型吗？

(2) 有人认为“如果一个实际电源既能等效成理想电压源与线性电阻串联的电路，又能等效成理想电流源与线性电阻并联的电路，则对于相同的负载，等效电压源与等效电流源发出的功率相等”。这种说法正确吗？

实验9　基尔霍夫定律的验证

基尔霍夫定律是电路理论中最基本也是最重要的定律之一。它概括了电路中电流和电压分别遵循的基本规律。它包括基尔霍夫电流定律(KCL)和基尔霍夫电压定律(KVL)。

一、实验目的

(1) 通过实验验证基尔霍夫电流定律和电压定律。

(2) 加深理解"节点电流代数和"及"回路电压代数和"的概念。

(3) 加深对参考方向概念的理解。

二、原理

1. 基尔霍夫节点电流定律

电路中任意时刻流进(或流出)任一节点的电流的代数和等于零。其数学表达式为

$$\sum I = 0 \tag{2-9-1}$$

此定律阐述了电路任一节点上各支路电流间的约束关系,这种关系与各支路上元件的性质无关,不论元件是线性的或是非线性的,含源的或是无源的,时变的或是时不变的。

2. 基尔霍夫回路电压定律

电路中任意时刻,沿任一闭合回路,电压的代数和为零。其数学表达式为

$$\sum U = 0 \tag{2-9-2}$$

此定律阐明了任一闭合回路中各电压间的约束关系。这种关系仅与电路的结构有关,而与构成回路各元件的性质无关。不论这些元件是线性的或非线性的,含源的或无源的,时变的或时不变的。

3. 参考方向

KCL 和 KVL 表达式中的电流和电压都是代数量。它们除具有大小之外,还有方向,其方向是以量值的正、负表示的。为研究问题方便,人们通常在电路中假定一个方向作为参考,称为参考方向。当电路中电流(或电压)的实际方向与参考方向相同时取正值,其实际方向与参考方向相反时取负值。

例如,测量某节点各支路电流时,可以设流入该节点的电流为参考方向(反之亦可)。将电流表负极接到该节点上,而将电流表的正极分别串入各条支路,当电流表指针正向偏转时,说明该支路电流是流入节点的,与参考方向相同,取其值为正。若指针反向偏转,说明该支路电流是流出节点的,与参考方向相反,倒换电流表极性,再测量,取其值为负。

测量某闭合电路各电压时，也应假定某一绕行方向为参考方向，按绕行方向测量各电压时，若电压表指针正向偏转，则该电压取正值，反之取负值。

三、实验仪器和器材

(1) 0～30V 可调直流稳压电源。
(2) ±15V 直流稳压电源。
(3) 200mA 可调恒流源。
(4) 电阻。
(5) 交、直流电压/电流表。
(6) 实验电路板。
(7) 短接桥。
(8) 导线。

四、实验内容和步骤

1. 验证基尔霍夫电流定律(KCL)

按图 2-9-1 所示连接线路，图中 X_1、X_2、X_3、X_4、X_5、X_6 为节点 B 的 3 条支路电流测量接口。在实验过程中，先将此 6 个节点用短接桥连接，在测量某个支路电流时，将电流表的两条输入导线接在该支路接口上，然后拔掉此支路接口上的短接桥即可测量此支路的电流。验证 KCL 定律时，可假定流入该节点的电流为正(反之也可)，并将电流表负极接在节点接口上，电流表正极接到支路接口上。将测量的结果填入表 2-9-1 中。

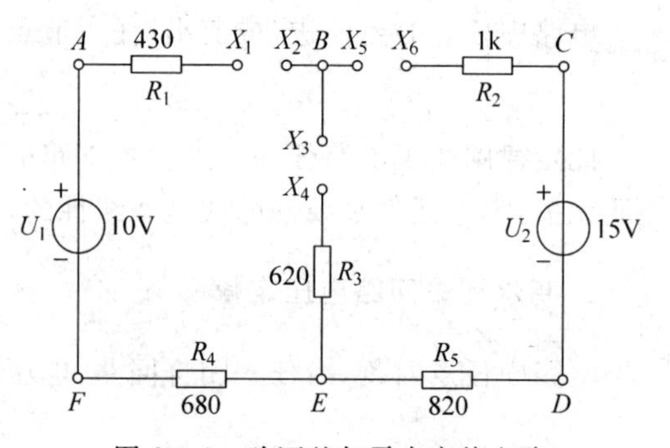

图 2-9-1 验证基尔霍夫定律电路

表 2-9-1 验证基尔霍夫电流定律

	计算值/mA	测量值/mA	绝对误差/mA	相对误差/%
I_1				
I_2				
I_3				
ΣI				

2. 验证基尔霍夫回路电压定律(KVL)

实验电路与图 2-9-1 所示相同，用短接桥将 3 个电流接口短接。取两个验证回路：回路 1 为 $ABEFA$，回路 2 为 $BCDEB$。用电压表依次测取 $ABEFA$ 回路中各电阻上的电压

U_{AB}、U_{BE}、U_{EF}和U_{FA}；$BCDEB$回路中各电阻上的电压U_{BC}、U_{CD}、U_{DE}、U_{EB}，将测量结果填入表2-9-2中。测量时可选顺时针方向为绕行方向，并注意电压表的指针偏转方向及取值的正与负。

表2-9-2 验证基尔霍夫电压定律

	U_{AB}	U_{BE}	U_{EF}	U_{FA}	回路$\sum U$	U_{BC}	U_{CD}	U_{DE}	U_{EB}	回路$\sum U$
计算值/V										
测量值/V										
绝对误差/V										
相对误差/V										

分析与讨论

(1) 利用表2-9-1和表2-9-2中的测量结果验证基尔霍夫两个定律。

(2) 利用电路中所给数据，通过电路定律计算各支路电压和电流，并计算测量值与计算值之间的误差，分析误差产生的原因。

五、选做内容

将如图2-9-1所示电路中的U_1(10V恒压源)换成100mA的恒流源，验证KCL和KVL。

六、思考题

(1) 已知某支路电流约为20.5mA，现有一电流表分别有20mA、200mA和2A这3挡量程，你将使用电流表的哪挡量程进行测量？为什么？

(2) 改变电流或电压的参考方向，对验证基尔霍夫定律有影响吗？为什么？

实验 10　叠加原理和互易定理的验证

叠加原理和互易定理也是分析或简化复杂电路的常用工具。

一、实验目的

(1) 通过实验验证叠加原理。
(2) 通过实验验证互易定理。

二、原理

1. 叠加原理

在线性电路中,任一支路的电流或电压都是电路中每一个独立源单独作用时,该支路产生的电流或电压的代数和。

2. 互易定理

在电路中,只有一个电势作用的条件下,当此电势在支路 A 作用时,在另一支路 B 中产生的电流等于将此电势移到支路 B 时在支路 A 中所产生的电流。当支路 B 的电势方向与原来的电流方向相同时,则在支路 A 中的电流必与原来的电势方向相同。

三、实验仪器和器材

(1) 直流稳压电源。
(2) 恒流源。
(3) 直流电流表。
(4) 实验电路板。
(5) 电阻。
(6) 短接桥。
(7) 导线。

四、实验内容及步骤

1. 验证叠加原理

本实验在电路实验板上进行,按图 2-10-1 所示接线。U_1 和 U_2 由直流稳压电源提供,$U_1=12V$,$U_2=5V$。

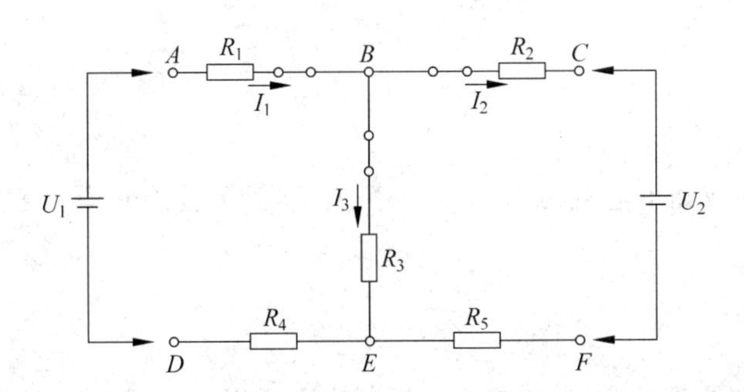

图 2-10-1　验证叠加原理和互易定理的实验电路

(1) 接通 $U_1=12V$ 电源，CF 短路，测量 U_1 单独作用时各支路的电流 I_1、I_2、I_3，将测量结果记入表 2-10-1 的第一行空格。测量某一支路电流时，其他测量接口用短接桥或导线短接。记录电流时用正、负号区分电流方向。

(2) 将 AD 短接，接通电源 $U_2=5V$，测量 U_2 单独作用时各支路的电流 I_1、I_2、I_3，将测量结果记入表 2-10-1 的第二行空格。

(3) 接通 U_1 和 U_2 两个电源，测量 U_1、U_2 共同作用下各支路的电流 I_1、I_2、I_3，将测量结果记入表 2-10-1 的第四行空格。

(4) 用表 2-10-1 中的数据验证叠加原理。

表 2-10-1　验证叠加原理

	I_1/mA			I_2/mA			I_3/mA		
	测量	计算	误差	测量	计算	误差	测量	计算	误差
U_1 单独作用									
U_2 单独作用									
代数和									
U_1、U_2 共同作用									

2. 验证互易定理

(1) 将 CF 短路，接通 $U_1=12V$ 电源，用电流表测量 I_2，记入表 2-10-2 中。

(2) 将 AD 短路，接通 $U_2=12V$ 电源，用电流表测量 I_1，记入表 2-10-2 中。

(3) 将 CF 短路，接通 $U_1=5V$ 电源，用电流表测量 I_2，记入表 2-10-2 中。

(4) 将 AD 短路，接通 $U_2=5V$ 电源，用电流表测量 I_1，记入表 2-10-2 中。

(5) 比较表 2-10-2 中的数据，验证互易定理。

表 2-10-2　验证互易定理

	$U_1=12V$	$U_2=5V$
I_2/mA		
I_1/mA		

五、选做实验

将电压源 U_2 换成输出电流为100mA的恒流源，验证叠加原理和互易定理。

六、思考题

(1) 在验证叠加原理的实验中，如果电源的内阻不能忽略时，应如何测量？
(2) 叠加原理的使用条件是什么？
(3) 改变电流方向的定义，对验证实验有无影响？为什么？

实验 11　替代定理的验证

替代定理是电路分析常用的基本定理之一，本节通过实验验证该定理。

一、实验目的

（1）通过实验验证替代定理。

（2）加深对替代定理的理解。

二、原理

替代定理：给定一个线性电阻电路，其中第 k 支路的电压 u_k 和电流 i_k 为已知，那么此支路就可以用一个电压等于 u_k 的电压源 u_S，或一个电流等于 i_k 的电流源 i_S 替代，如图 2-11-1 所示，替代后电路中全部电压和电流均保持原值。

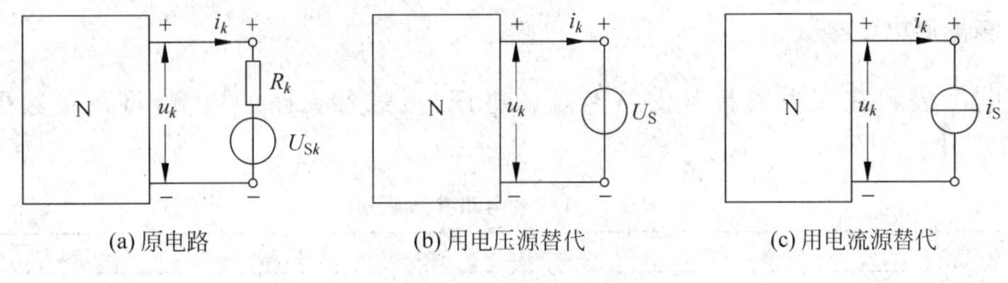

(a) 原电路　(b) 用电压源替代　(c) 用电流源替代

图 2-11-1　替代定理

图 2-11-1(a)中电压源 u_{Sk} 与电阻 R_k 串联部分为原电路的第 k 支路，N 为原电路的除第 k 支路以外的其余部分。图 2-11-1(b)是用电压源 u_S 替代原电路第 k 支路后的电路，图 2-11-1(c)是用电流源 i_S 替代原电路第 k 支路后的电路。替代定理中提到的第 k 支路中可以有电阻、独立电压源与电阻串联、独立电流源与电阻并联及其组合。

若替代前后电路中各支路两端的电压和流过各支路的电流均不发生变化，则可验证替代定理的正确性。

三、实验仪器和器材

（1）可调电压源。

（2）5V 电压源。

（3）可调电流源。

（4）实验电路板。

（5）电阻。

(6) 交、直流电压/电流表。

(7) 导线。

四、实验内容及步骤

实验电路及电路中各元件的参数如图 2-11-2(a)所示，各支路的定义如图 2-11-2(b)所示，取第 5 支路验证替代定理。

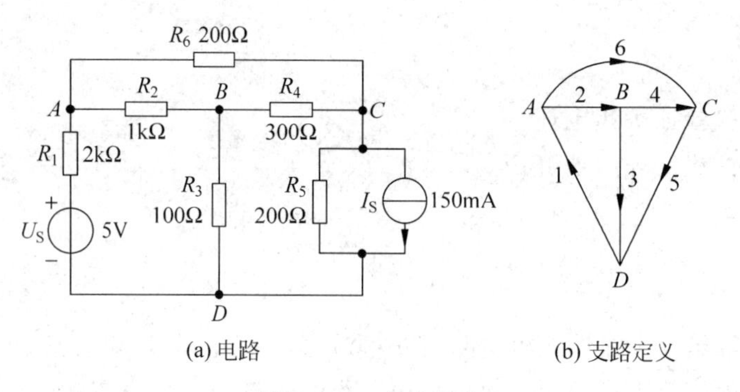

(a) 电路　　(b) 支路定义

图 2-11-2　实验电路

1. 测量原电路参数

用电压表和毫安表测量各支路两端的电压、流过各支路的电流，将测量数据填入表 2-11-1 中。

表 2-11-1　原电路参数测量

u_1/V	u_2/V	u_3/V	u_4/V	u_5/V
i_1/mA	i_2/mA	i_3/mA	i_4/mA	i_5/mA

2. 用电压源替代一个支路

将可调电压源的输出电压调至测量值 u_5，用该电压源替代原电路的第 5 支路，测量各支路上的电压和电流，填入表 2-11-2 中。

表 2-11-2　用电压源替代电路支路实验

u_1/V	u_2/V	u_3/V	u_4/V	u_5/V
i_1/mA	i_2/mA	i_3/mA	i_4/mA	i_5/mA

3. 用电流源替代一个支路

将可调电流源的输出电流调至测量值 i_5，用该电流源替代原电路的第 5 支路，测量各支路上的电压和电流，填入表 2-11-3 中。

表 2-11-3　用电流源替代电路支路实验

u_1/V	u_2/V	u_3/V	u_4/V	u_5/V
i_1/mA	i_2/mA	i_3/mA	i_4/mA	i_5/mA

4. 根据测量数据给出结论

五、选做实验

任选另外一个支路，验证替代定理。

六、思考题

(1) 用实际电压源或实际电流源替代电路中某支路的元件是否影响原电路参数？
(2) 若电路中含有非线性元件，替代定理还适用吗？

实验 12　戴维宁定理和诺顿定理的验证

根据戴维宁定理和诺顿定理对电路进行等效变换，是简化复杂电路时最常用的方法之一。

一、实验目的

(1) 通过实验验证戴维宁定理和诺顿定理，加深理解等效电路的概念。

(2) 学习用补偿法测量开路电压。

二、原理

戴维宁定理：一个含独立电源、线性电阻和受控源的一端口，对外电路来说，可以用一个电压源和电阻的串联组合等效置换，此电压源的电压等于一端口的开路电压，电阻等于一端口的全部独立电源置零后的输入电阻。

诺顿定理：一个含独立电源、线性电阻和受控源的一端口，对外电路来说，可以用一个电流源和电导的并联组合等效变换，电流源的电流等于该一端口的短路电流，电导等于把该一端口全部独立电源置零后的输入电导。

1. 等效变换

对任何一个线性含源一端口网络，如图 2-12-1(a)所示，根据戴维宁定理，可以用图 2-12-1(b)所示电路代替；根据诺顿定理，可以用图 2-12-1(c)所示电路代替。其等效条件是：U_{OC}是含源一端口网络 C、D 两端的开路电压；I_{SC}是含源一端口网络 C、D 两端短路后的短路电流；电阻 R_1 是把含源一端口网络化成无源网络后的输入端电阻。

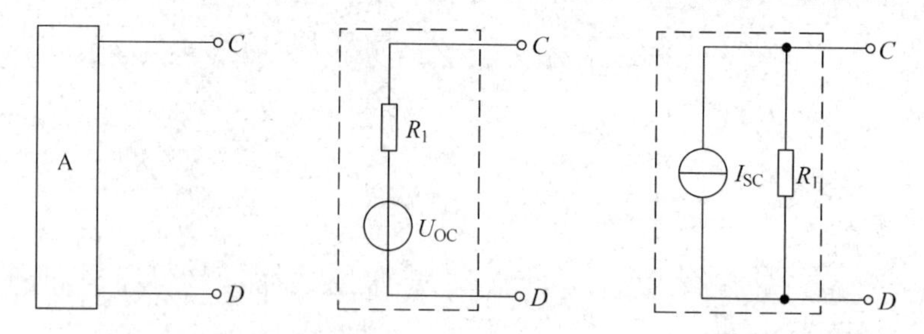

(a) 线性含源一端口电路　(b) 基于戴维宁定理的替代电路　(c) 基于诺顿定理的替代电路

图 2-12-1　线性含源一端口电路及其替代电路

用等效电路替代一端口含源网络的等效性，在于保持外电路中的电流和电压不变，即替代前后两者引出端钮间的电压相等时，流出(或流入)引出端钮的电流也必然相等(伏安特性相同)。

2. 含源一端口网络开路电压的测量方法

1）直接测量法

当含源一端口网络的输入端等效电阻 R_i 与电压表内阻 R_V 相比可以忽略不计时，可以直接用电压表测量其开路电压 U_{OC}。

2）补偿法

当一端口网络的输入端电阻 R_i 与电压表内阻 R_V 相比不可忽略时，用电压表直接测量开路电压，就会影响被测电路的原工作状态，使所测电压与实际值间产生测量误差。补偿法可以消除或减小电压表内阻在测量中产生的误差。

图 2-12-2 是用补偿法测量电压的电路，测量步骤如下。

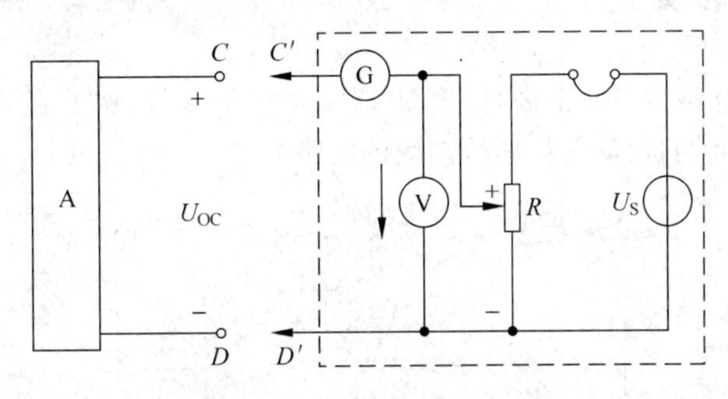

图 2-12-2　补偿法测量电路

(1) 用电压表初测一端口网络 A 的开路电压 U_{OC}，并调整补偿电路中的分压器，使 $U_{C'D'}$ 近似等于初测的开路电压 U_{OC}。

(2) 将 C、D 与 C'、D' 对应相接，再细调补偿电路中的分压器，使检流计 G 的指示为零。因为 G 中无电流通过，这时电压表指示的电压等于被测电压，并且补偿电路的接入没有影响被测电路的工作状态。

3. 测量一端口网络输入端等效电阻 R_i

输入端等效电阻 R_i，可根据一端口网络除源(电压源短路、电流源开路，保留内阻)后的无源网络通过计算求得，也可通过实验的办法求出。

(1) 测量含源一端口网络的开路电压 U_{OC} 和短路电流 I_{SC}，则

$$R_i = \frac{U_{OC}}{I_{SC}} \tag{2-12-1}$$

(2) 将含源一端口网络除源，化为无源网络 P，然后按图 2-12-3 所示接线，测量 U_S 和 I，则

$$R_i = \frac{U_S}{I} \tag{2-12-2}$$

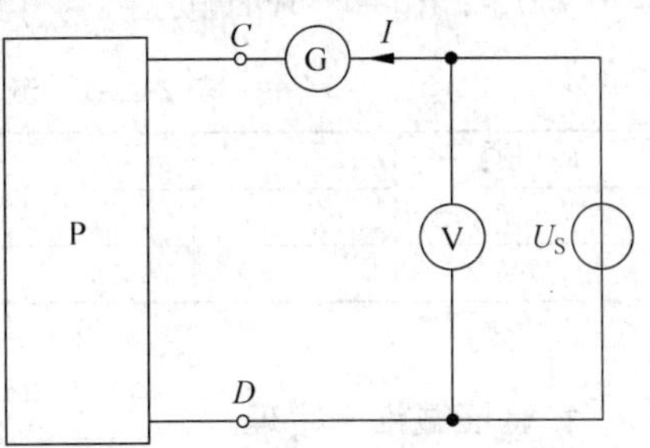

图 2-12-3　测量输入端等效电阻的电路

三、实验仪器和器材

(1) 0～30V 直流稳压电源。

(2) ±15V 直流稳压电源。

(3) 0～200mA 恒流源。

(4) 电阻。

(5) 电阻箱。

(6) 交、直流电压/电流表。

(7) 实验电路板。

(8) 短接桥。

(9) 导线。

四、实验内容及步骤

本实验在专用电路实验板上进行，按图 2-12-4 所示接线，调节直流稳压电源的输出电压，使 $U_1=25\text{V}$，本实验选择 C、D 两端左侧的电路为一端口含源网络。

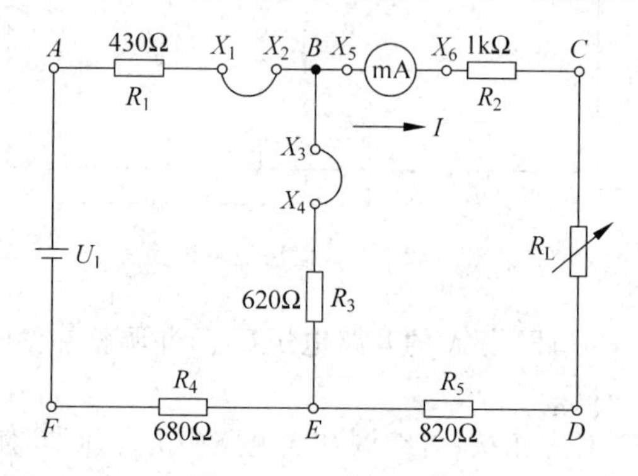

图 2-12-4 实验电路

测量含源一端口网络的外部伏安特性：用电阻箱作为一端口网络的外接电阻 R_L，调节 R_L 的数值，使其分别为表 2-12-1 中的数值，测量通过 R_L 的电流 I(X_5 和 X_6 电流接口处电流表读数)和 R_L 两端的电压 U，将测量结果填入表 2-12-1 中，其中 $R_L=0$ 时的电流称为短路电流 I_{SC}；$R_L=\infty$时的电压称为开路电压 U_{OC}。

表 2-12-1 测量含源一端口网络的外部伏安特性

R_L/kΩ	0	0.5	1	1.5	2	2.5	∞
I/mA							
U/V							

1. 验证戴维宁定理

(1) 分别用直接测量法和补偿法测量 C、D 端口网络的开路电压 U_{OC}。

(2) 用电压表直接测量开路电压 U_{OC}，与前面测得的短路电流($R_L=0$)I_{SC} 做除法运算，计算 CD 端等效电阻

$$R_{CD}=R_i=\frac{U_{OC}}{I_{SC}} \tag{2-12-3}$$

(3) 按图 2-12-1(b)所示构成戴维宁等效电路，其中电压源用直流稳压电源代替，调节电源输出电压，使之等于 U_{OC}，R_i 用电阻箱代替，在 CD 端接入负载电阻 R_L，如图 2-12-5 所示。按表 2-12-1 中相同的电阻值，测取电流和电压，填入表 2-12-2 中。

(4) 将表 2-12-1 和表 2-12-2 中的数据进行比较，验证戴维宁定理。

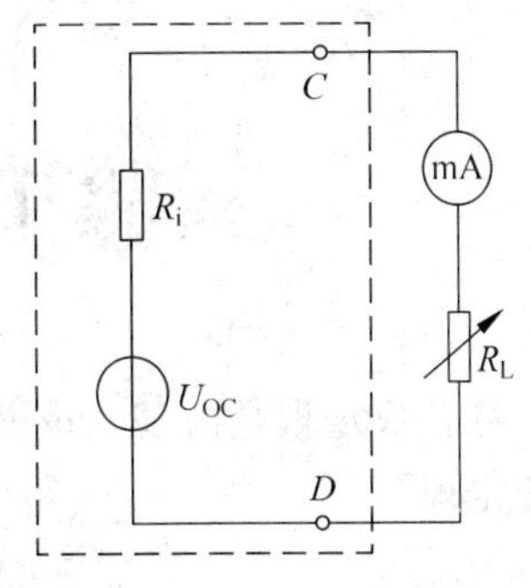

图 2-12-5　戴维宁等效电路

表 2-12-2　验证戴维宁定理

R_L/kΩ	0	0.5	1	1.5	2	2.5	∞
I/mA							
U/V							

2. 验证诺顿定理

按图 2-12-6 所示接线，构成诺顿等效电路，其中 I_{SC} 为可调电流源。接上负载电阻 R_L，使其值分别为表 2-12-1 中的值，测量电流和电压，填入表 2-12-3，比较表 2-12-1 和表 2-12-3 中的数据，验证诺顿定理。

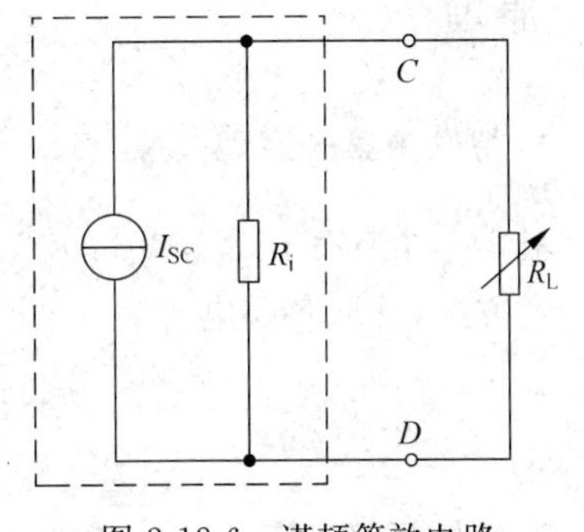

图 2-12-6　诺顿等效电路

表 2-12-3　验证诺顿定理

R_L/kΩ	0	0.5	1	1.5	2	2.5	∞
I/mA							
U/V							

在同一张坐标纸上画出原一端口网络和各等效网络的伏安特性曲线，并做分析比较，说明如何验证戴维宁定理和诺顿定理。

五、选做内容

改用补偿法测量开路电压，测量电路如图 2-12-2 所示。将测量结果与直接测量的结果比较。

六、思考题

对于图 2-12-2，如果在补偿法测量开路电压时，将 C' 和 D 相接，D' 与 C 相接，能否达到测量电压 U_{CD} 的目的？为什么？

实验13　特勒根定理的验证

特勒根定理是由基尔霍夫定理推导出的仅与网络拓扑结构有关,而与电路元件特性无关的定理。

一、实验目的

(1) 验证特勒根定理。

(2) 加深对特勒根定理的理解。

二、原理

1. 特勒根第一定理

对于一个具有 n 个节点和 b 条支路的电路(网络),若各支路电流和各支路电压均取关联参考方向,并取各路电压为 $u_1,u_2,\cdots,u_b$,各支路电流为 $i_1,i_2,\cdots,i_b$,则对于任何时间 t,有

$$\sum_{k=1}^{b} u_k i_k = 0 \qquad (2\text{-}13\text{-}1)$$

2. 特勒根第二定理

两个拓扑结构相同的电路(网络)分别有 n 个节点和 b 条支路,它们的支路电压分别为 $u_1,u_2,\cdots,u_b$ 和 $\hat{u}_1,\hat{u}_2,\cdots,\hat{u}_b$,支路电流分别为 $i_1,i_2,\cdots,i_b$ 和 $\hat{i}_1,\hat{i}_2,\cdots,\hat{i}_b$,电压和电流取关联参考方向,则对于任意时间 t,有

$$\sum_{k=1}^{b} \hat{u}_k i_k = 0,\quad \sum_{k=1}^{b} u_k \hat{i}_k = 0 \qquad (2\text{-}13\text{-}2)$$

表明其中一个电路(网络)各支路电压与另一个电路(网络)相关支路电流的乘积的代数和为零。虽然各项乘积具有功率的量纲,但不表示能量守恒。

三、实验仪器和器材

(1) 电压源。

(2) 电流源。

(3) 交、直流电压/电流表。

(4) 实验电路板。

(5) 电阻。

(6) 导线。

四、实验内容及步骤

1. 验证特勒根第一定理

实验电路如图 2-13-1 所示，图中有 3 个毫安表，若仅用一个毫安表测量时，需要分 3 次分别测量 3 个支路的电流。测量某一支路电流时，另外两个支路中分别用导线取代毫安表的位置。

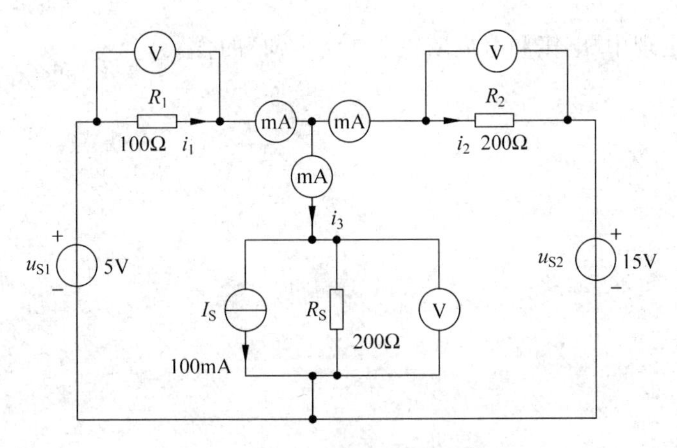

图 2-13-1　验证特勒根定理电路

取 $R_1=100\Omega$，$R_2=200\Omega$，$R_3=200\Omega$，$i_S=100\text{mA}$，计算各支路电压和电流，填入表 2-13-1 中；实测各支路电压和电流，也填入表 2-13-1 中，将测量值与计算值比较，分析误差来源，并将测量值代入式(2-13-1)，验证特勒根第一定理。

表 2-13-1　验证特勒根第一定理实验数据

	u_1/V	u_2/V	u_3/V	i_1/mA	i_2/mA	i_3/mA
理论值						
测量值						

2. 验证特勒根第二定理

仍使用如图 2-13-1 所示的实验电路，电阻改为 $R_1=200\Omega$，$R_2=100\Omega$，其他参数不变，重复前面的测量步骤，将测量数据填入表 2-13-2 中。

将表 2-13-1 中的测量值 u_1、u_2、u_3、i_1、i_2、i_3 和表 2-13-2 中的测量值 $\hat{u}_1$、$\hat{u}_2$、$\hat{u}_3$、$\hat{i}_1$、$\hat{i}_2$、$\hat{i}_3$ 代入式(2-13-2)，验证特勒根第二定理。

表 2-13-2　验证特勒根第二定理实验数据

	$\hat{u}_1$/V	$\hat{u}_2$/V	$\hat{u}_3$/V	$\hat{i}_1$/mA	$\hat{i}_2$/mA	$\hat{i}_3$/mA
理论值						
测量值						

五、选做实验

利用实验室提供的仪器和元件，自拟电路的拓扑结构及电路元件参数，通过实验验证特勒根第一定理和第二定理。

六、思考题

解释特勒根定理中“电压和电流取关联参考方向”的含义。

实验14 对偶原理的验证

对偶原理也是电路基本原理之一，熟练这一原理有助于快速、准确地分析某些电路。

一、实验目的

（1）通过绘制对偶电路图，计算和测量对偶元素的数值，验证对偶原理。

（2）加深理解对偶原理。

二、原理

在电路中，电阻 R 两端的电压 u 和流过电阻的电流 i 存在关系 $u=Ri$，可以找出与此相对应的关系式 $i=Gu$，G 为电导。从第一个关系式 $u=Ri$ 出发，将式中的 u 和 i 对换，将 R 和 G 对换，可得到第二个关系式，反之亦然。根据这种关系，称电压 u 与电流 i 互为对偶元素，电阻 R 与电导 G 互为对偶元素。

在电阻串联与电导并联、CCVS 与 VCCS、网孔电流与节点电压、电容与电感的电压、电流关系也都存在这种对偶关系。

电路中某些元素之间的关系（或方程）用它们的对偶元素对应地置换后，所得新关系（或方程）也一定成立，后者和前者互为对偶。电路中的这种特性称为对偶原理。

三、实验仪器和器材

（1）电压源。

（2）电流源。

（3）电阻。

（4）电阻箱。

（5）实验电路板。

（6）电压表。

（7）电流表。

（8）导线。

四、实验内容及步骤

实验电路如图 2-14-1 所示。按对偶原理列出对偶元素、对偶关系填入表 2-14-1 中，绘制相应的电路图，测量新电路的参数，填入表 2-14-2 中。

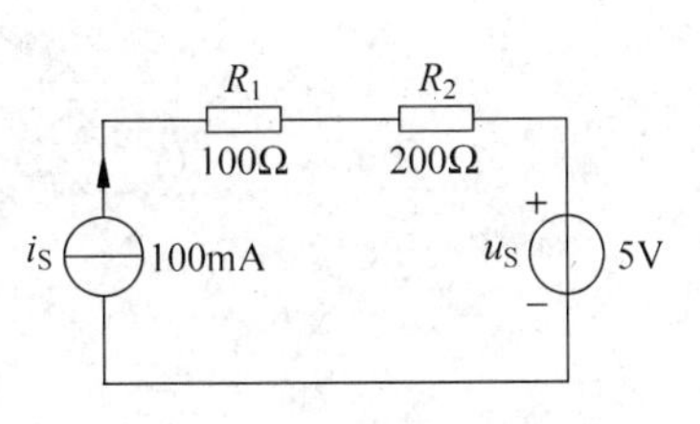

图 2-14-1 对偶原理实验电路

表 2-14-1 对偶关系

序号	原电路中的关系式	新电路中的关系式

表 2-14-2 对偶关系实验

序号	原电路元素	对偶元素	对偶元素理论值	对偶元素测量值
1	$i_S=100\text{mA}$			
2	$R_1=100\Omega$			
3	$R_2=200\Omega$			
4	$u_S=5\text{V}$			

五、选做实验

自拟一个含有电压源、电流源、电阻、电容或电感的电路，列出对偶关系式和对偶元素，画出新电路图，通过实测数据验证对偶原理。

六、思考题

若电路中含有非线性电阻元件，能否应用对偶原理？

实验 15　集成运算放大器的若干基本应用

集成运算放大器是一种具有高输入阻抗、高增益等特性的放大器，它与简单的外围电路组合后，可得到许多性能优异的单元电路，在模拟电路、数字电路中有很广泛的应用。本实验将研究如何用集成运算放大器与外围电路构成比较器、比例运算器、加法器、减法器以及积分电路和微分电路。

一、实验目的

(1) 了解集成运算放大器的电压传输特性。

(2) 学习电压比较器的组成、工作原理和输入/输出特性。

(3) 熟悉用集成运算放大器构成的若干基本运算单元电路。

二、原理

1. 电压比较器

电压比较器是一种常用的单元电路。它将一个模拟电压输入信号与一个参考电压信号进行比较，当输入信号的电压低于参考信号的电压时，输出电平保持在一个设定值上，一旦输入信号的电压越过参考信号的电压，输出电平就会跳变到另一个设定值上，并保持这个输出电平，直到输入信号的电压再次越过参考信号的电压。

如图 2-15-1(a)所示的电路，由运算放大器和 4 个电阻组成同相输入比较器。参考电压 u_R 接在运算放大器的反相输入端，被测电压 u_i 接在运算放大器的同相输入端，输出电压为 u_o。

当 $u_i<u_R$ 时，$u_o<0$；当 $u_i>u_R$ 时，$u_o>0$。以输入电压 u_i 为横轴，以输出电压 u_o 为纵轴，绘制的输入/输出曲线称为电压比较器的电压传输特性曲线，如图 2-15-1(b)所示。

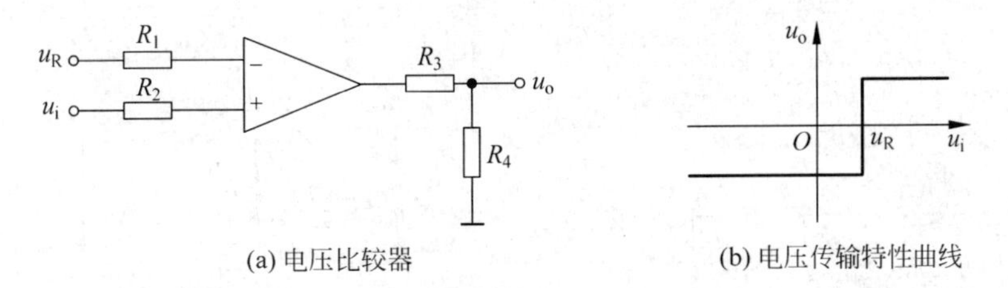

图 2-15-1　由运算放大器和电阻组成的同相电压比较器及其电压传输特性曲线

若将参考电压 u_R 接在运算放大器的同相输入端，将被测电压 u_i 接在运算放大器的反相输入端，则构成反相比较器，如图 2-15-2(a)所示。

当 $u_i<u_R$ 时，$u_o>0$；当 $u_i>u_R$ 时，$u_o<0$。反相比较器的电压输出特性曲线如图 2-15-2(b)所示。

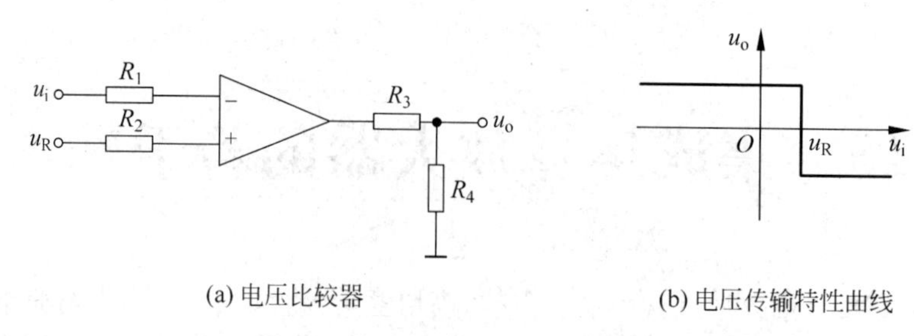

(a) 电压比较器 (b) 电压传输特性曲线

图 2-15-2 由运算放大器和电阻组成的反相电压比较器及其电压传输特性曲线

若将以上两个电压比较器的参考电压设为 0,则成为同相过零比较器和反相过零比较器。

2. 运算器

由集成运算放大器和简单外围电路可构成一些基本运算电路。用这些运算电路可以对模拟电压信号实现比例运算、加法运算、减法运算、积分运算和微分运算等。

1）同相比例运算

同相比例运算电路如图 2-15-3 所示,将输入模拟电压信号 u_i 通过电阻 R 接到运算放大器的同相输入端。根据运算放大器的特性,有

$$\begin{cases}(R_i+R_f)\cdot i=u_o\\ R_i\cdot i=u_i\end{cases}$$

所以,输出电压与输入电压的关系为

$$u_o=\left(1+\frac{R_f}{R_i}\right)u_i \tag{2-15-1}$$

2）反相比例运算

反相比例运算电路如图 2-15-4 所示,将输入模拟电压信号 u_i 接在运算放大器的反相输入端。根据运算放大器的特性,有

$$\begin{cases}R_i\cdot i=u_i\\ -R_f\cdot i=u_o\end{cases}$$

因此,输出电压与输入电压的关系为

$$u_o=-\frac{R_f}{R_i}u_i \tag{2-15-2}$$

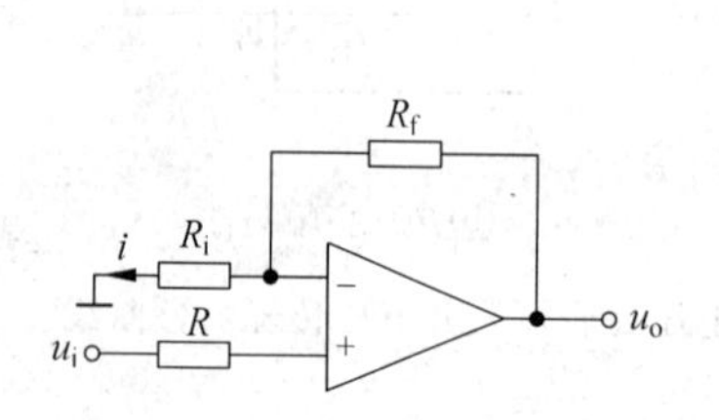

图 2-15-3 同相比例运算电路

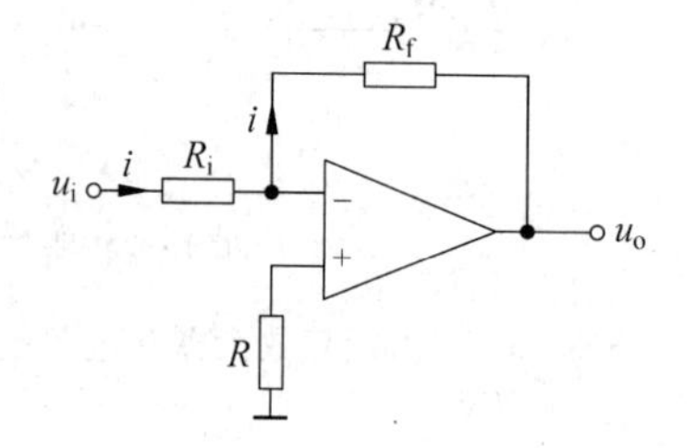

图 2-15-4 反相比例运算电路

3）加法运算

加法运算电路如图 2-15-5 所示,n 个模拟电压信号 $u_1,u_2,\cdots,u_n$ 各通过一个电阻 R_i 并

联后接到运算放大器的反相输入端。根据运算放大器的特性，有

$$\begin{cases} i_k = u_k/R_i (k=1,2,\cdots,n) \\ i = -\sum_{k=1}^{n} i_k \\ u_o = R_i \cdot i \end{cases}$$

故

$$u_o = -\sum_{k=1}^{n} u_k \tag{2-15-3}$$

4）加权加法运算

在如图2-15-5所示的加法运算电路中，若将输入电阻取为 $R_1, R_2, \cdots, R_n$，反馈电阻仍取为 R_f，则构成如图2-15-6所示的加权相加运算电路。根据运算放大器的特性，有

$$\begin{cases} i_k = u_k/R_k (k=1,2,\cdots,n) \\ i = -\sum_{k=1}^{n} i_k \\ u_o = R_f \cdot i \end{cases}$$

故

$$u_o = -\sum_{k=1}^{n} \frac{R_f}{R_k} u_k \tag{2-15-4}$$

其中 $\frac{R_f}{R_k}(k=1,2,\cdots,n)$ 为第 k 个模拟输入电压的权重。

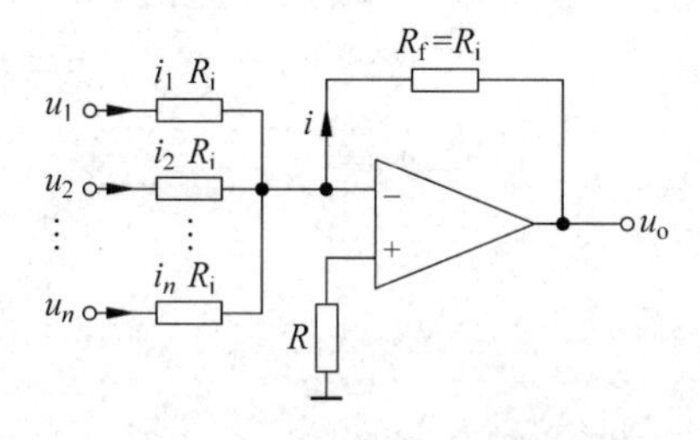

图2-15-5 加法运算电路

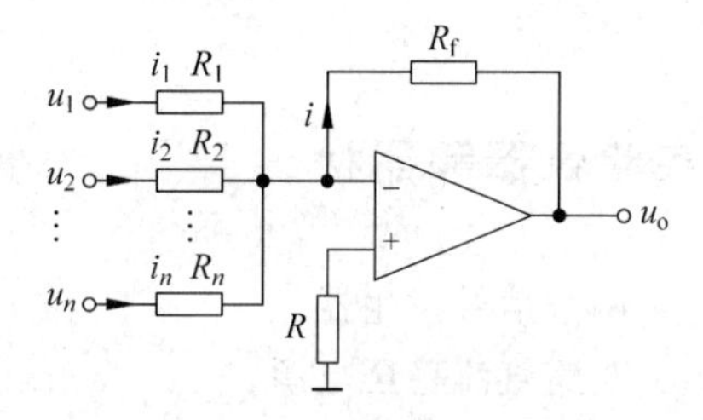

图2-15-6 加权加法运算电路

5）减法运算

两个模拟电压信号 u_1 和 u_2 分别加到运算放大器的反相输入端和同相输入端上，反馈电阻为 R_f，如图2-15-7所示。根据运算放大器的特性，有

$$\begin{cases} u_+ = u_2 \cdot \frac{R_f}{R_f + R_i} \\ u_- = u_+ \\ u_1 - u_- = R_i \cdot i \\ u_o - u_- = -R_f \cdot i \end{cases}$$

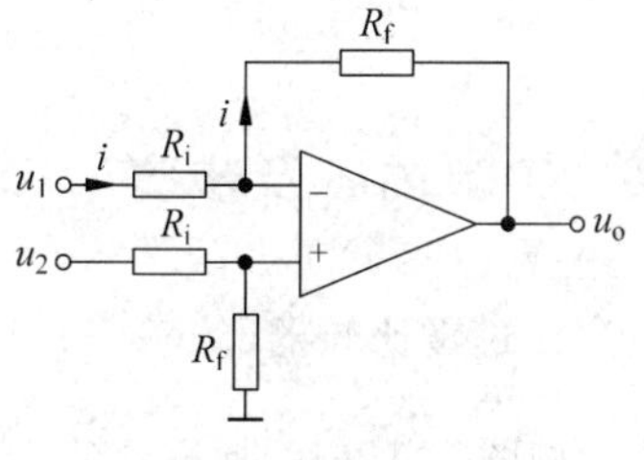

故

$$u_o = \frac{R_f}{R_i}(u_2 - u_1) \tag{2-15-5}$$

图2-15-7 减法运算电路

6）积分运算

积分运算电路如图 2-15-8 所示。根据运算放大器的特性，有

$$\begin{cases} R_i \cdot i(t) = u_i(t) \\ i(t) = -C_f \cdot du_o(t)/dt \end{cases}$$

故

$$u_o(t) = -\frac{1}{R_i C_f}\int u_o(t)dt \qquad (2\text{-}15\text{-}6)$$

7）微分运算

微分运算电路如图 2-15-9 所示。根据运算放大器的特性，有

$$C_i \frac{du_i(t)}{dt} = -\frac{u_o(t)}{R_f}$$

故

$$u_o(t) = -R_f C_i \frac{du_i(t)}{dt} \qquad (2\text{-}15\text{-}7)$$

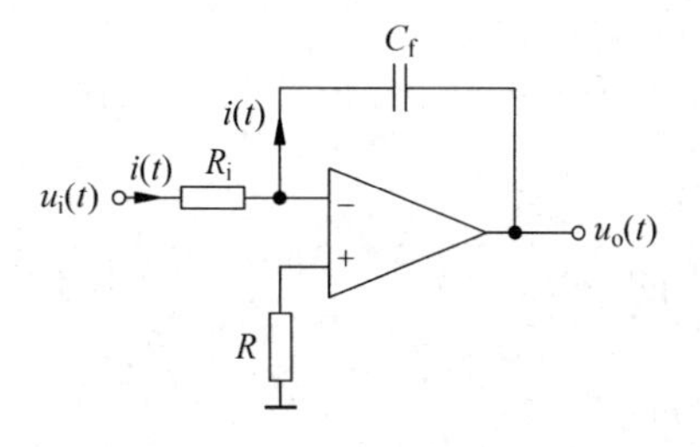

图 2-15-8 积分运算电路

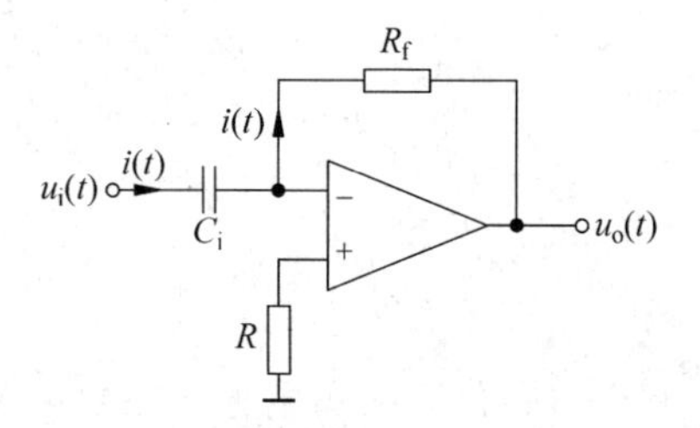

图 2-15-9 微分运算电路

三、实验仪器和器材

(1) 函数信号发生器。
(2) 双路直流稳压电源。
(3) 示波器。
(4) 实验电路板。
(5) 集成运算放大器。
(6) 电阻。
(7) 电容。
(8) 导线。

四、实验内容及步骤

1. 过零比较器

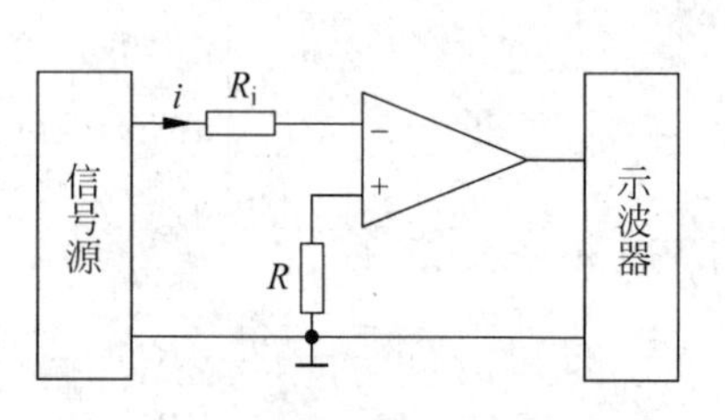

图 2-15-10 过零比较器实验电路

如图 2-15-10 所示，将电路接成反相过零比较器，$R_i = R = 1\text{k}\Omega$ 用函数信号发生器作为信号源，产生 $V_{pp} =$

6V，$f=1\text{kHz}$ 的正弦波，用示波器观测。将输入信号和输出信号随时间变化的曲线绘制在同一个坐标系中，并根据此图绘制电压传输特性曲线。

将电路改为同相过零比较器，重复上述步骤。

2. 比例运算

按图 2-15-11 所示分别接成同相比例运算电路和反相比例运算电路，取 $R=1\text{k}\Omega$，$R_i=1\text{k}\Omega$，$R_f=2\text{k}\Omega$，信号源输出为 $U_{pp}=1\text{V}$，$f=1\text{kHz}$，占空比为 50%的矩形波，绘制输入/输出曲线，验证式(2-15-1)和式(2-15-2)。

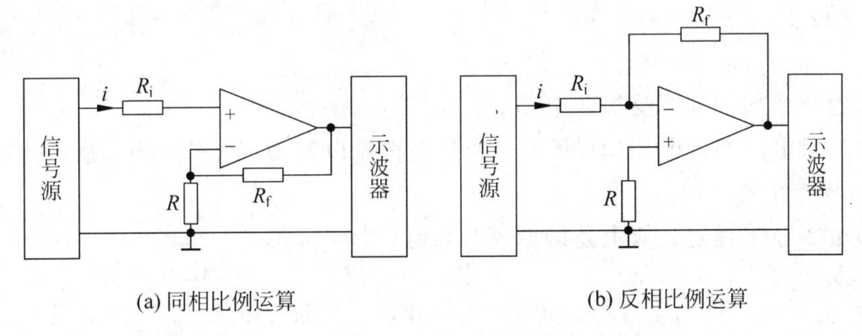

图 2-15-11 比例运算实验电路

3. 加法运算

取两路输入信号，令 $R_i=R=R_f=1\text{k}\Omega$，按图 2-15-5 所示接线，第一路输入电压为 1V 的直流信号，第二路输入 $U_{pp}=1\text{V}$，$f=1\text{kHz}$，占空比为 50%的矩形波，观测并绘制输入/输出波形，验证式(2-15-3)。

4. 减法运算

按图 2-15-7 所示接线，取 $R_i=R_f=1\text{k}\Omega$，两路输入信号不变，绘制输入输出电压随时间变化的曲线，验证式(2-15-5)。

5. 积分运算和微分运算

分别按图 2-15-8 及图 2-15-9 所示接线，$R_i=R=R_f=1\text{k}\Omega$，$C_i=C_f=0.01\mu\text{F}$，输入 $U_{pp}=1\text{V}$，$f=1\text{kHz}$，占空比为 50%的矩形波，观测并绘制输入/输出波形。

五、选做内容

自拟实验电路，验证加权加法运算电路的输入输出关系式(2-15-4)。

六、思考题

(1) 本实验所用的过零比较器有什么缺点？

(2) 在加法运算电路和减法运算电路中，能否将反相输入改为同相输入？

实验16　受控源特性的研究

随着集成电路的普及，具有受控源特性的单元电路得到越来越广泛的应用。本实验研究两种典型受控源的特性。

一、实验目的

(1) 通过实验加深理解受控源电路。

(2) 通过对电压控制电压源(VCVS)和电压控制电流源(VCCS)的测试，加深对两种受控特性及负载特性的认识。

(3) 通过实验掌握运算放大器的原理和特性。

二、原理

受控源是对某些电路元件物理性能的模拟，反映电路中某条支路的电压或电流受另一条支路电压或电流控制的关系。测量受控量与控制量之间的关系，就可以掌握受控源输入量与输出量间的变化规律。受控源具有独立源的特性，受控源的受控量仅随控制量的变化而变化，与外接负载无关。

根据控制量与受控量的不同，受控源可分为4种类型：电压控制电压源(VCVS)、电流控制电压源(CCVS)、电压控制电流源(VCCS)、电流控制电流源(CCCS)。电路模型如图2-16-1所示。

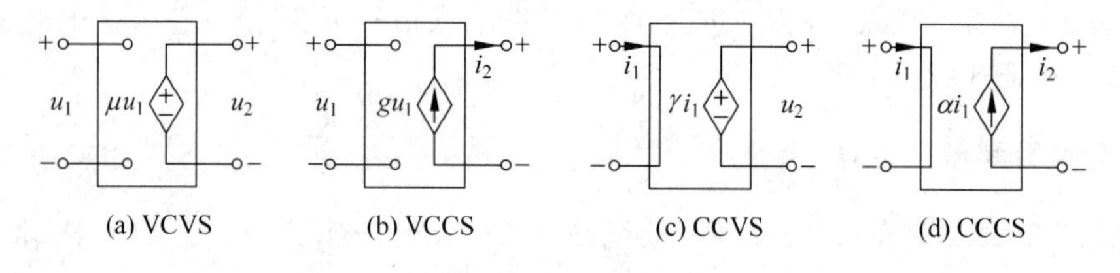

图2-16-1　4种受控源电路模型

1. 用运算放大器实现的受控源

运算放大器是一种高增益、高输入阻抗、低输出阻抗的放大器。通常用图2-16-2(a)所示的电路符号表示，其等效电路模型如图2-16-2(b)所示。运算放大器有两个输入端、一个输出端、一个对输入和输出信号的参考接地端。两个输入端中，一个称为同相输入端，另一个称为反相输入端。所谓同相输入端是指当反相输入端电压为零时，输出电压的极性与该输入端的电压极性相同，同相输入端在电路符号上用"＋"表示；所谓反相输入端是指当同相输入端电压为零时，输出电压的极性和该输入端电压的极性相反，反相输入端在电路符号上用“－”表示。

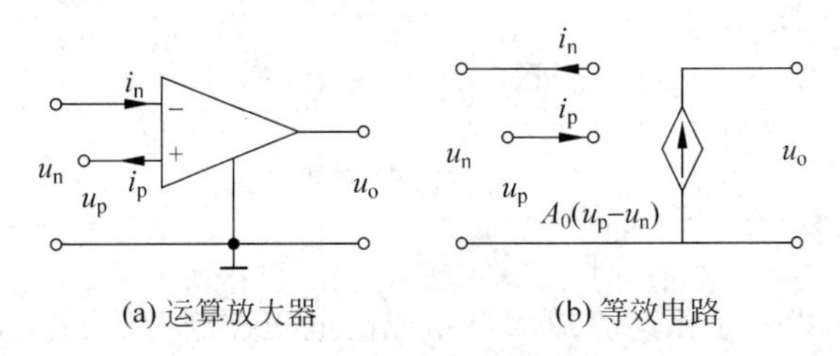

图 2-16-2 运算放大器及其等效电路

当两输入端同时有电压输入时，输出电压为

$$U_o = A_0(U_p - U_n) \tag{2-16-1}$$

其中 A_0 称为运算放大器的开环放大倍数。理想情况下，A_0 和输入电阻 R_i 均为无穷大，因此有

$$U_p = U_n,\quad i_p = U_p/R_i = 0,\quad i_n = U_n/R_i = 0 \tag{2-16-2}$$

这 3 个等式表明：

(1) 运算放大器“＋”端与“－”端可以认为是等电位的，即通常所说的“虚”短路；

(2) 运算放大器的输入端电流等于零。

此外，理想运算放大器的输出电阻很小，可以认为是零。这些重要性质是简化分析含有运算放大器网络的依据。

除了两个输入端、一个输出端和一个参考接地端以外，运算放大器还有正、负两个电源输入端。运算放大器是有源器件，其工作特性是在接有正、负两个电源的条件下才具有的。

为保证运算放大器输入信号为零时，输出信号也为零，运算放大器外面接有调零电位器。

本实验用运算放大器组成两种受控源电路，通过实验电路研究受控源的受控特性和负载特性。

2. 电压控制电压源

图 2-16-3(a)所示的电路是一个由运算放大器构成的电压控制电压源(VCVS)。由于运算放大器的同相输入端“＋”和反相输入端“－”为“虚短路”，所以有

$$U_1 = I_1 \cdot R_1$$

因放大器输入阻抗可以认为无穷大，即 $i_n = i_p = 0$，故有

$$I_2 = I_1 - i_n = I_1,\quad U_2 = -I_2 \cdot R_2 = -I_1R_2 = -(R_2/R_1)U_1$$

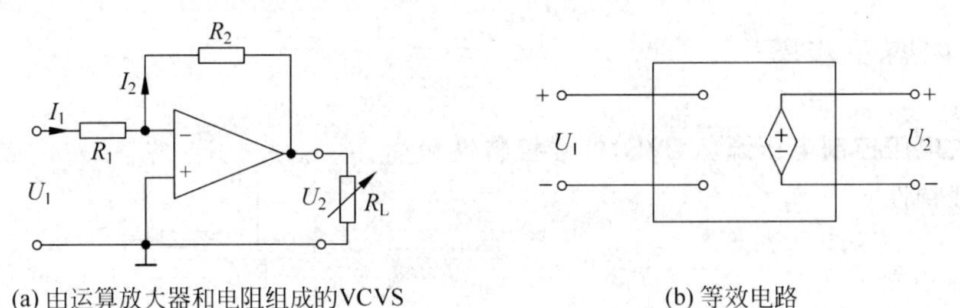

图 2-16-3 电压控制电压源电路

这说明运算放大器的输出电压 U_2 受输入电压 U_1 的控制，它的电路模型如图 2-16-3(b)所示，其电压比为

$$\mu = U_2/U_1 = -R_2/R_1 \tag{2-16-3}$$

μ 无量纲，称为电压放大倍数。

3. 电压控制电流源

图 2-16-4(a)所示为一个由运算放大器组成的电压控制电流源。由图可见

$$I_2 = I_1 = U_1/R_i = g_m U_1$$

说明负载电流 I_2 受输入电压 U_1 的控制，其大小与负载电阻 R_L 无关，这种关系说明此电路的特性是一个电压控制电流源，图 2-16-4(b)是它的电路模型，其比例系数为

$$g_m = I_2/U_1 = 1/R_1 \tag{2-16-4}$$

其中 g_m 具有电导的量纲，称为转移电导。

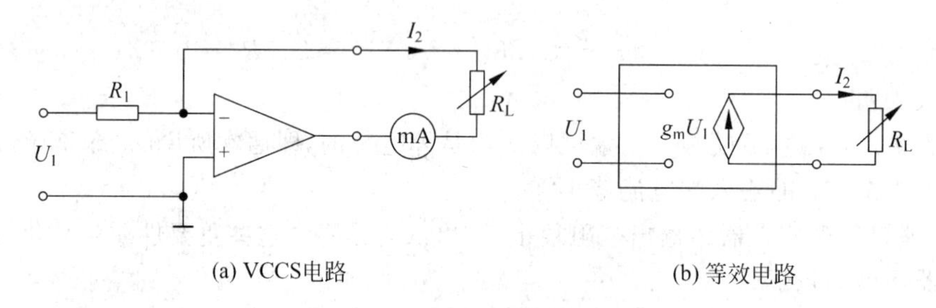

图 2-16-4 电压控制电流源电路

三、实验仪器和器材

(1) 直流稳压电源。
(2) 交、直流电压/电流表。
(3) 集成运算放大器。
(4) 电阻箱。
(5) 固定电阻。
(6) 实验电路板。
(7) 导线。

四、实验内容及步骤

1. 测试电压控制电压源(VCVS)的受控特性和负载特性

1) 实验电路

按图 2-16-5 所示接线，取 $R_1 = 1\text{k}\Omega$，$R_2 = 2\text{k}\Omega$，$R_L = 1\text{k}\Omega$。运算放大器是有源器件，它工作所需要

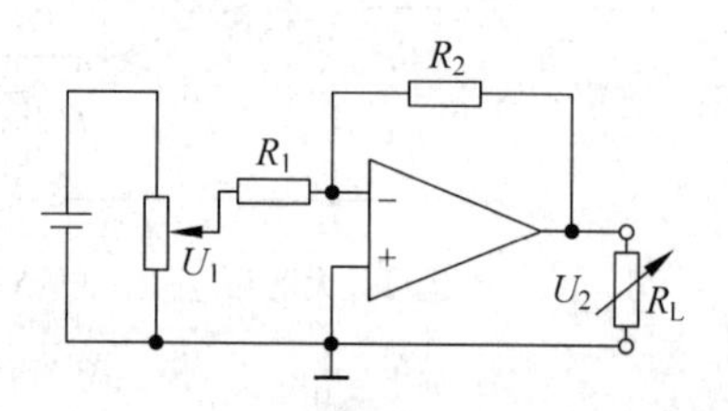

图 2-16-5 电压控制电压源实验电路

的电源接±15V。

2）测试 VCVS 受控特性

调节电位器 R_L，使 U_1 分别为表 2-16-1 中的数据，测量输出电压 U_2，填入表 2-16-1 中，并将计算的电压放大倍数也填入表 2-16-1 中。

表 2-16-1　测量 VCVS 的受控特性

U_1/V	1	2	3	4	5
U_2/V					
μ					

3）测试 VCVS 的负载特性

取 $U_1=3$V，改变负载电阻，阻值分别为表 2-16-2 中的数值，测量输出电压 U_2，将测量结果填入表 2-16-2 中。

表 2-16-2　测试 VCVS 的负载特性

R_L/kΩ	1	2	3	4	5
U_2/V					
$\mu=U_2/U_1$					

通过表 2-16-1、表 2-16-2 中的数据及电路参数验证式(2-16-3)。

2. 测试电压控制电流源(VCCS)的受控特性和负载特性

1）实验电路

按图 2-16-6 所示接线，取 $R_1=1$kΩ，$R_L=1$kΩ。

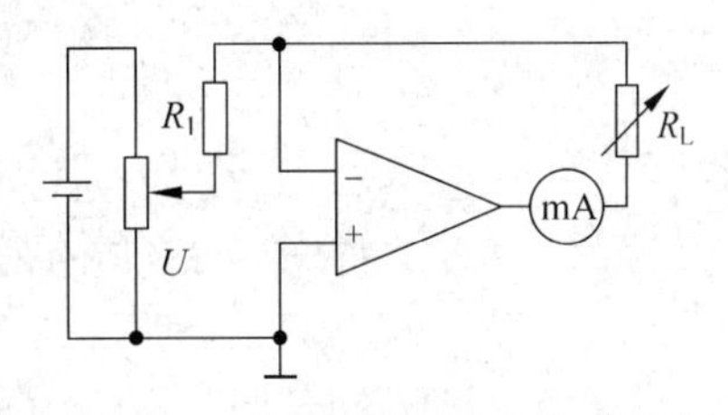

图 2-16-6　电压控制电流源实验电路

2）测试 VCCS 的受控特性

调节电位器，使 U_1 分别为表 2-16-3 中的数据，测量流过负载 R_L 的输出电流 I_2，将测量结果填入表 2-16-3 中，并将计算的转移电导 $g_m=I_2/U_1$ 也填入同一表中。

表 2-16-3　测量 VCCS 的受控特性

U_1/V	2	4	6	8	10
I_2/mA					
g_m/S					

3）测试 VCCS 的负载特性

取 $R_1=1$kΩ，$U_1=5$V，改变负载电阻 R_L，阻值取表 2-16-4 中的数值，测量流过负载电阻 R_L 的电流 I_2，将测量结果填入表 2-16-4 中。

表 2-16-4　VCCS 的负载特性

R_L/kΩ	0.4	0.8	1.2	1.6	2.0
I_2/mA					
g_m/S					

注意事项

实验电路在确认无误后再接通运算放大器的供电电源；需要改变运算放大器外部电路元件时，必须先切断供电电源，再改电路。

五、选做实验

(1) 自拟电路，测试电流控制电压源的受控特性。

(2) 自拟电路，测试电流控制电流源的受控特性。

六、思考题

(1) 简述4种典型受控源的特性。

(2) 运算放大器有哪些主要特性？

实验 17　一阶电路过渡过程实验

由 RC 或 RL 电路构成一阶电路的结构非常简单，可用一阶微分方程描述，在无源滤波等方面得到广泛应用。本实验研究一阶电路的过渡过程。

一、实验目的

(1) 观察一阶电路的过渡过程，研究元件参数对过渡过程曲线的影响。

(2) 学习函数信号发生器和示波器的使用方法。

二、原理

如图 2-17-1 所示的 RC 一阶电路在如图 2-17-2(a)所示的正阶跃信号作用下(输入信号在 t_1 时刻发生正跳变)，通过电阻 R 向电容器 C 充电，电容器上的电压 $U_C(t)$ 按指数规律上升，即

$$U_C(t) = U(1 - \mathrm{e}^{-t/\tau}) \tag{2-17-1}$$

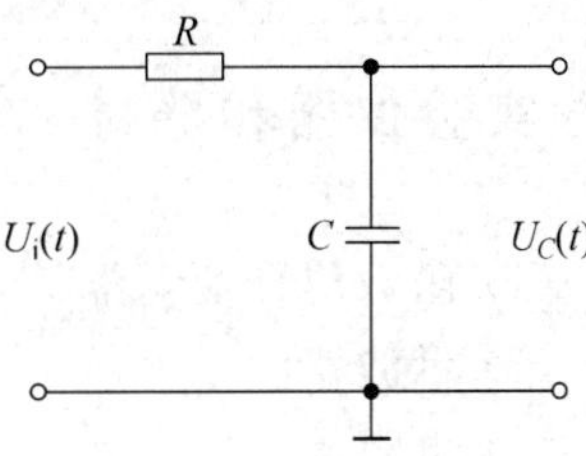

$U_C(t)$ 随时间 t 上升的规律如图 2-17-2(c)所示。

电路达到稳态后，将电源短路，相当于在 t_2 时刻输入负阶跃信号，如图 2-17-2(b)所示，电容器通过电阻放电，其电压按指数规律衰减，即

图 2-17-1　RC 一阶电路

$$U_C(t) = U\mathrm{e}^{-t/\tau} \tag{2-17-2}$$

$U_C(t)$ 随时间 t 衰减的规律如图 2-17-2(d)所示。

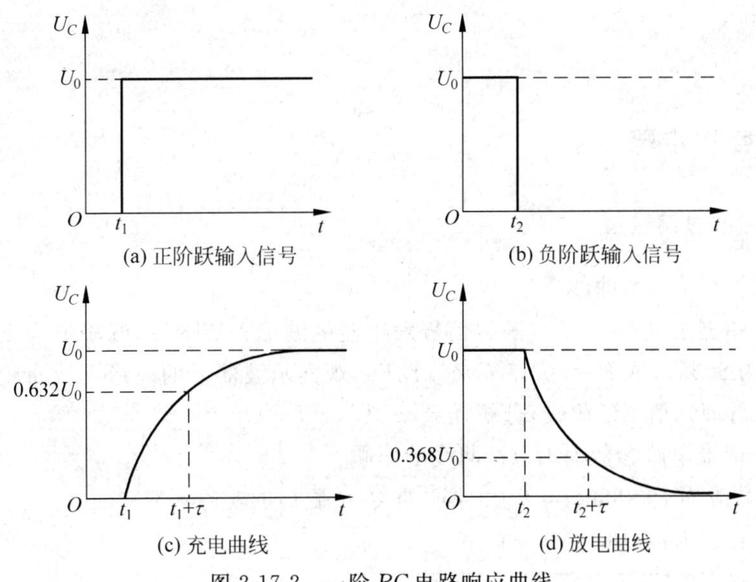

(a) 正阶跃输入信号　(b) 负阶跃输入信号

(c) 充电曲线　(d) 放电曲线

图 2-17-2　一阶 RC 电路响应曲线

其中$\tau=RC$称为电路的时间常数，它的大小决定了过渡过程进行得快慢。其物理意义是电路零输入响应衰减到初始值的$\frac{1}{e}$倍，即初始值的36.8%所需要的时间，或者是电路零状态响应上升到稳定值的$\left(1-\frac{1}{e}\right)$倍，即稳定值的63.2%所需要的时间，虽然真正到达稳态所需要的时间为无穷大，但通常认为经过$(3\sim5)\tau$的时间，过渡过程就基本结束，电路进入稳态。

对于一般电路，时间常数较小，在ms甚至μs量级，电路会很快达到稳态，一般仪表尚来不及反应，过渡过程已消失。因此，用普通仪表难以观测到电压随时间的变化规律。用普通示波器可以观测到周期变化的电压波形，如果使电路的过渡过程按一定周期重复出现，示波器荧光屏上就可以观察到过渡过程的波形。本实验用脉冲信号源(函数信号发生器)做实验电源，由它产生一个固定频率的方波，模拟阶跃信号。在方波的上升沿相当于接通直流电源或输入正阶跃信号，电容器通过电阻充电，如图2-17-2(c)所示；方波下降沿相当于电源短路或输入负阶跃信号，电容器通过电阻放电，如图2-17-2(d)所示。方波周期性重复出现，电路就不断地进行充电、放电。将电容器两端接到示波器输入端，就可观察到一阶电路充电、放电的过渡过程。用同样的办法也可以观察到RL电路的过渡过程。

三、实验仪器和器材

(1) 函数信号发生器。
(2) 示波器。
(3) 电阻。
(4) 电容。
(5) 电感。
(6) 实验电路板。
(7) 短接桥。
(8) 导线。

四、实验内容和步骤

1. RC电路的过渡过程

1) 观察并记录$U_C(t)$曲线

按图2-17-3连接电路。设定函数信号发生器的波形为矩形波，峰峰值为2.5V，频率为1kHz，占空比为50%。取$R=300\Omega$，$C=0.1\mu F$。观察示波器上的波形。从曲线上测量电路的时间常数τ，与理论值RC比较，分析误差来源。

2) 观察并记录电路参数对$U_C(t)$曲线的影响

将电路参数改为$R=820\Omega$，$C=0.1\mu F$，重复步骤1)的实验内容。

3) 观察并记录$U_R(t)$曲线

按图2-17-4所示连接电路。

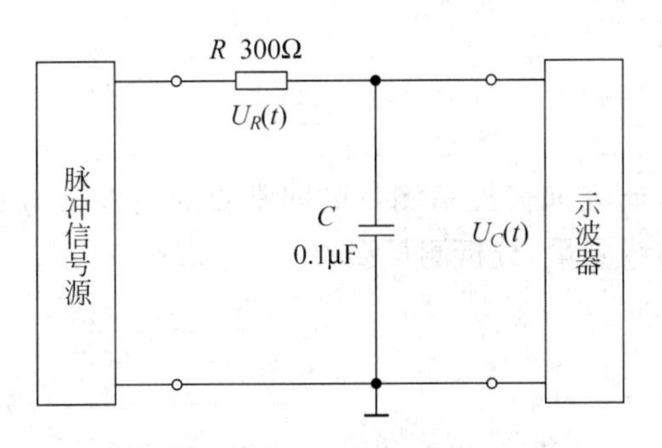

图 2-17-3　观测 RC 电路过渡过程中的电容充放电波形

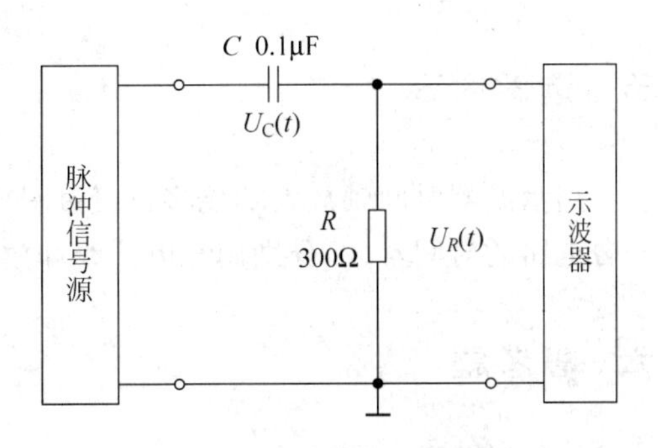

图 2-17-4　观测 RC 电路过渡过程中电阻 R 两端电压波形

取 $R=300\Omega$，$C=0.1\mu F$，调整方波频率为 1kHz，方波峰峰值为 2.5V，观察电阻 R 上电压 $U_R(t)$ 的波形，并记录所观察到的波形。

4）观察并记录电路参数对 $U_R(t)$ 曲线的影响

将电路参数改为 $R=820\Omega$，$C=0.1\mu F$，函数信号发生器的设置不变，重复实验内容 3）中的步骤。

2. RL 电路的过渡过程

1）观察并记录 $U_L(t)$ 曲线

按图 2-17-5 连接电路，取 $R=300\Omega$，$L=22mH$，观察并记录电感上的电压波形 $U_R(t)$。

2）观察并记录电路参数对 $U_L(t)$ 曲线的影响

改变参数，使 $R=820\Omega$，$L=22mH$，重复实验内容 1）的步骤，观察曲线的变化。

3）观察并记录 $U_R(t)$ 曲线

按图 2-17-6 接线，取 $R=300\Omega$，$L=22mH$，观察并记录电阻 R 上的电压波形 $U_R(t)$。

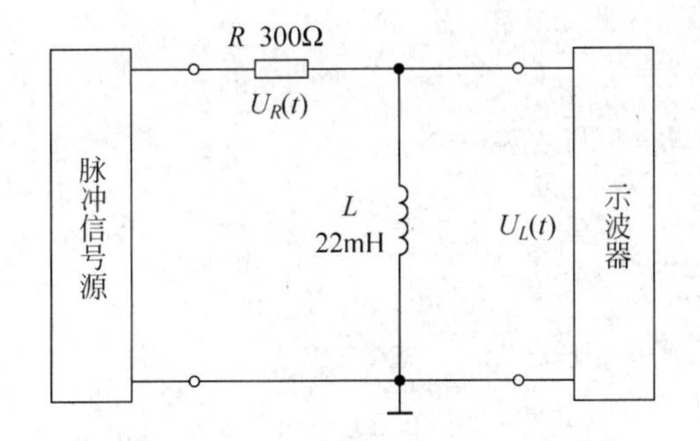

图 2-17-5　观测 RL 电路过渡过程中电感两端电压的波形

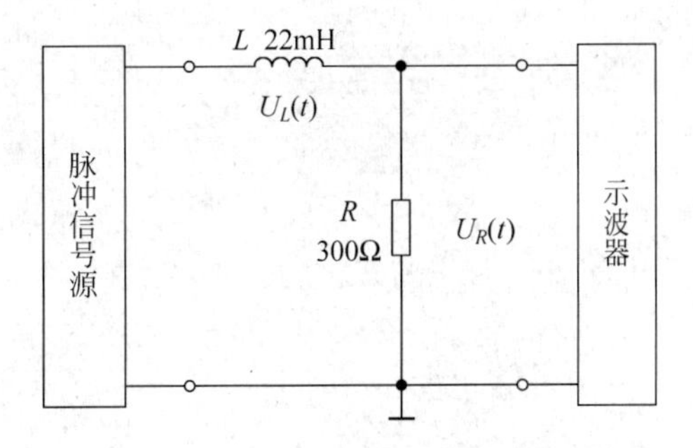

图 2-17-6　观测 RL 电路过渡过程中电阻两端电压的波形

4）观察并记录电路参数对 $U_R(t)$ 曲线的影响

改变参数值 $R=820\Omega$，$L=22mH$，重复实验内容 3）的步骤，观察波形的变化。

绘制所观察到的 8 条曲线，通过与每个电路图对应的两组曲线说明元件参数的变化对过渡过程的影响。

五、选做内容

用示波器时间轴放大功能将过渡过程放大，研究如何提高测量时间常数的精度。测量积分电路的时间常数，分别用充电曲线和放电曲线测量，分析测量误差。

六、思考题

(1) 为什么实验中要使 RC 电路的时间常数较方波的周期小很多？如果方波周期比 RC 电路时间常数 τ 小很多，会出现什么情况？

(2) 仔细观察实验曲线与理论曲线的不同之处，试作出合理的解释。

(3) 实验中记录的 $U_L(t)$ 曲线与理论曲线有什么不同？是什么原因造成的？

(4) 找出实测时间常数与理论值不同的原因。

实验 18　*RC* 选频网络实验

RC 选频网络是一种典型的无源选频电路，具有结构简单、稳定可靠的特点，得到广泛应用。

一、实验目的

（1）通过测量电路的特性曲线了解 RC 选频网络（文氏电桥）的选频特性。

（2）熟悉示波器和函数信号发生器的使用方法。

二、原理

RC 电路具有选频特性。

1. 选频特性的理论计算

当由阻容元件以串、并联方式组成如图 2-18-1(a)所示的电路，并输入正弦波电压$\dot{U}_1$时，输出电压$\dot{U}_2$与输入电压$\dot{U}_1$存在如下关系，即

$$\dot{U}_2=\frac{\dot{U}_1}{\left(1+\frac{R_1}{R_2}+\frac{C_2}{C_1}\right)+\mathrm{j}\left(R_1C_2\omega-\frac{1}{R_2C_1\omega}\right)} \tag{2-18-1}$$

式中 ω 为正弦信号的角频率。

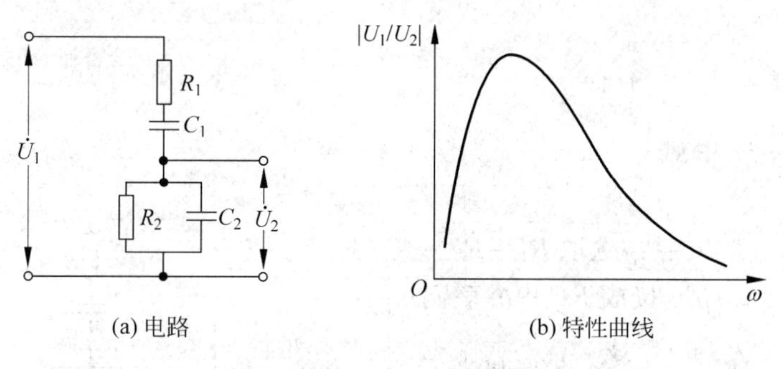

(a) 电路　　(b) 特性曲线

图 2-18-1　RC 选频网络

由式(2-18-1)可见，输出电压$\dot{U}_2$除与输入电压$\dot{U}_1$及电路参数有关之外，还与输入正弦信号的频率 f 或角频率 ω 有关。当输入电压$\dot{U}_1$及电路元件参数 R_1、C_1、R_2、C_2 均为定值的情况下，输出电压$\dot{U}_2$仅是角频率 ω 的函数。特性曲线如图 2-18-1(b)所示。

当 $\omega R_1 C_2-\frac{1}{\omega R_2 C_1}=0$，即 $\omega^2=\frac{1}{R_1 R_2 C_1 C_2}$，或 $f=\frac{1}{2\pi\sqrt{R_1 R_2 C_1 C_2}}$时，输出电压$\dot{U}_2$ 与输入电压$\dot{U}_1$ 同相位，电路呈电阻性。

当 $R_1=R_2=R$，$C_1=C_2=C$，且频率 $f=\frac{1}{2\pi RC}$时，有

$$\dot{U}_2=\frac{\dot{U}_1}{1+\frac{R_1}{R_2}+\frac{C_2}{C_1}}=\frac{1}{3}\dot{U}_1=\dot{U}_{2\max} \tag{2-18-2}$$

当 $f>\frac{1}{2\pi RC}$或 $f<\frac{1}{2\pi RC}$时，输出电压$\dot{U}_2$ 均小于$\dot{U}_1$ 的 1/3，可见 RC 串并联网络具有选频特性，故称为选频网络。

2. 测量方法

以图 2-18-1(a)所示电路为实验电路，取 $R_1=R_2=R$，$C_1=C_2=C$，以频率可调的正弦波信号源输出电压作为 RC 选频网络的输入电压$\dot{U}_1$。将$\dot{U}_1$ 输入示波器的水平输入端，$\dot{U}_2$ 输入到示波器的垂直输入端，电路正常工作时，示波器荧光屏应出现一个椭圆图形。调节信号频率，在某一频率时，可使示波器椭圆图形变成一条斜线，此时，输出电压$\dot{U}_2$ 与输入电压$\dot{U}_1$ 同相位，且$\dot{U}_2$ 幅度为最大。

三、实验仪器和器材

(1) 示波器。
(2) 函数信号发生器。
(3) 实验电路板。
(4) 电阻。
(5) 电容。
(6) 导线。

四、实验内容及步骤

(1) 按图 2-18-2 接线，选取 $R_1=R_2=1.3\text{k}\Omega$，$C_1=C_2=0.1\mu\text{F}$，接成 RC 串并联网络，并保持 $U_1=3\text{V}$。将$\dot{U}_1$ 接入示波器水平输入端，$\dot{U}_2$ 接入示波器垂直输入端，调节信号源的输出频率，使示波器显示图形由椭圆变为一条斜直线，记下此时信号源的频率 f_a，并与计算值 f 比较，填入表 2-18-1。

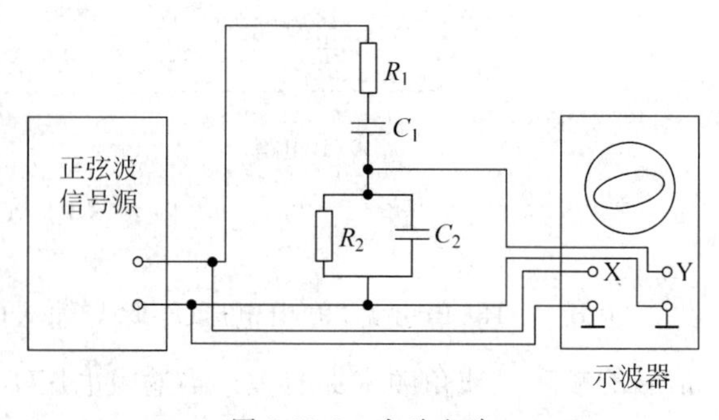

图 2-18-2 实验电路

表 2-18-1 选频实验 1

U_1/V	R/Ω	$C/\mu F$	f_a(Hz)	$f=\frac{1}{2\pi RC}$(Hz)	U_2/V
3	1300	0.1			

(2) 去掉示波器"水平输入端"接线，电路参数不变，调节信号源输出信号的频率，观察 $\dot{U}_2$ 随频率变化的情况，在 $f=f_a$ 时观察 U_2 是否为最大。

(3) 保持示波器的垂直增益不变，分别将选频网络的输出电压$\dot{U}_2$ 和输入电压$\dot{U}_1$ 接到"垂直输入"，在$\dot{U}_2$ 和$\dot{U}_1$ 同相位的情况下，测量$\dot{U}_2$ 和$\dot{U}_1$ 的幅值，看是否满足 $U_{2|max}=1/3U_1$。

(4) 保持 $U_1=3$V，$C_1=C_2=0.1\mu$F，改变电阻阻值为 $R_1=R_2=620\Omega$，调节信号源频率，使示波器显示图形由椭圆变为一条斜直线，记下此时信号源的频率 f_b，并与计算值 f 比较，填入表 2-18-2 中，重复步骤(2)、(3)的内容。

表 2-18-2 选频实验 2

U_1/V	R/Ω	$C/\mu F$	f_b/Hz	$f=\frac{1}{2\pi RC}$(Hz)	U_2/V
3	620	0.1			

注意事项

正确使用函数信号发生器，输出端不允许短路，改变频率后注意保持输出幅度为 3V。

五、选做实验

测量并绘制如图 2-18-1(b)所示的选频网络特性曲线。

六、思考题

(1) 如何按给定的频率 f_0 确定选频网络的电路参数？给定 $f_0=2$kHz，请选出一组最接近的参数。

(2) 能否减小选频网络的带宽？

实验 19　二阶电路过渡过程实验

无源高阶电路在取不同参数时，可出现过阻尼、临界阻尼和欠阻尼（衰减振荡）3 种情况。有源电路除了这 3 种情况外，还可能出现等幅振荡和发散振荡情况。二阶电路是最简单、最典型的高阶无源电路，从这一电路可以研究过阻尼、临界阻尼和欠阻尼过渡过程。

一、实验目的

(1) 观察 RLC 串联电路的过渡过程。

(2) 了解二阶电路参数与过渡过程类型的关系。

(3) 学习从波形中测量固有振荡周期和衰减系数的方法。

二、原理

1. 二阶电路的过渡过程

由 RLC 元件串联得到的二阶电路如图 2-19-1 所示，可以用线性二阶常系数微分方程描述其规律

$$LC\frac{\mathrm{d}^2 u_C}{\mathrm{d}t^2}+RC\frac{\mathrm{d}u_C}{\mathrm{d}t}+u_C=U_S \tag{2-19-1}$$

微分方程的解等于对应的齐次方程的通解 u_C'' 和它的特解 u_C' 之和，即

$$u_C=u_C'+u_C''$$

其中 $u_C'=U_S$，$u_C''=A_1\mathrm{e}^{s_1 t}+A_2\mathrm{e}^{s_2 t}$，即

$$u_C=A_1\mathrm{e}^{s_1 t}+A_2\mathrm{e}^{s_2 t}+U_S \tag{2-19-2}$$

A_1 和 A_2 是由初始条件决定的常数；S_1 和 S_2 是特征方程的根，取决于电路参数。

由于电路参数 R、L、C 不同，电路响应会出现过阻尼、临界阻尼和欠阻尼 3 种情况。

1) 过阻尼

当 $R>2\sqrt{\frac{L}{C}}$ 时，响应是非振荡的，称为过阻尼情况，u_C 随时间 t 的变化如图 2-19-2 中的过阻尼振荡曲线所示。

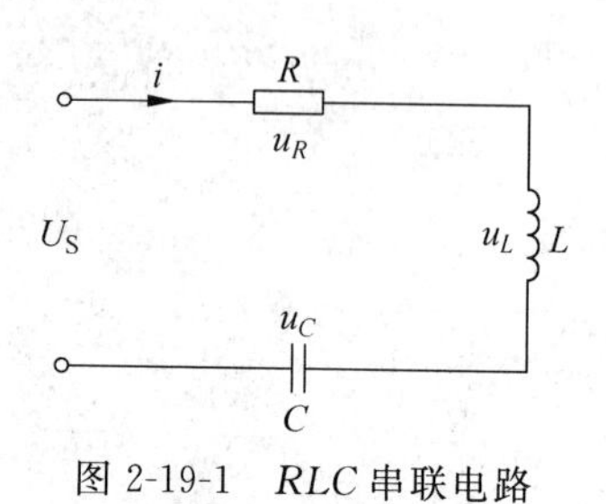

图 2-19-1　RLC 串联电路

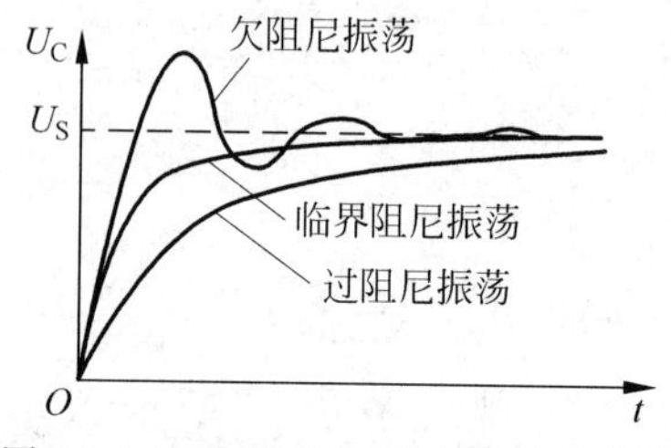

图 2-19-2　二阶电路响应的 3 种情况

2）临界阻尼

当 $R=2\sqrt{\frac{L}{C}}$ 时，响应处于临界状态，称为临界阻尼情况，u_C 随时间 t 的变化如图 2-19-2 中的临界阻尼振荡曲线所示。

3）欠阻尼

当 $R<2\sqrt{\frac{L}{C}}$ 时，响应是衰减振荡的，称为欠阻尼情况，u_C 随时间 t 的变化如图 2-19-2 中的欠阻尼振荡曲线所示。

2. 欠阻尼振荡周期 T 和衰减系数 δ 的测量方法

当电路处于欠阻尼情况时，响应 u_C 的表达式为

$$u_C=U_S\left[1-\frac{\omega_0}{\omega}e^{-\delta t}\sin\left(\omega t+\arctan\frac{\omega}{\delta}\right)\right] \tag{2-19-3}$$

其振荡波形如图 2-19-3(a)所示，其中

$T=\frac{2\pi}{\omega}$，称为振荡周期；

$\delta=\frac{R}{2L}$，称为衰减系数(其中 R 为回路总电阻)；

$\omega_0=\frac{1}{\sqrt{LC}}$，称为固有频率。

在电流 i 的波形图上，若第一个正峰点出现的时刻为 t_1，第二个正峰点出现的时刻为 t_2，则衰减振荡周期为

$$T=t_2-t_1 \tag{2-19-4}$$

若第一个正峰值为 I_{m1}，第二个正峰值为 I_{m2}，则有

$$I_{m1}=\frac{U_S}{\omega L}e^{-\delta t_1}\sin\omega t_1$$

$$I_{m2}=\frac{U_S}{\omega L}e^{-\delta t_2}\sin\omega t_2$$

所以

$$\frac{I_{m1}}{I_{m2}}=e^{-\delta(t_1-t_2)}$$

故

$$\delta=\frac{1}{T}\ln\frac{I_{m1}}{I_{m2}} \tag{2-19-5}$$

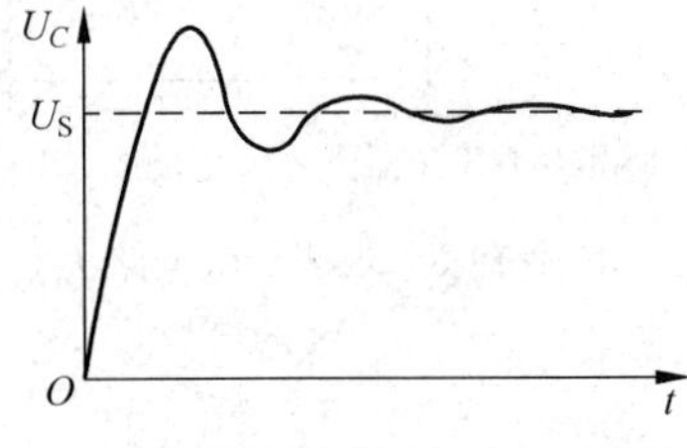

(a) 电容两端电压随时间变化的曲线

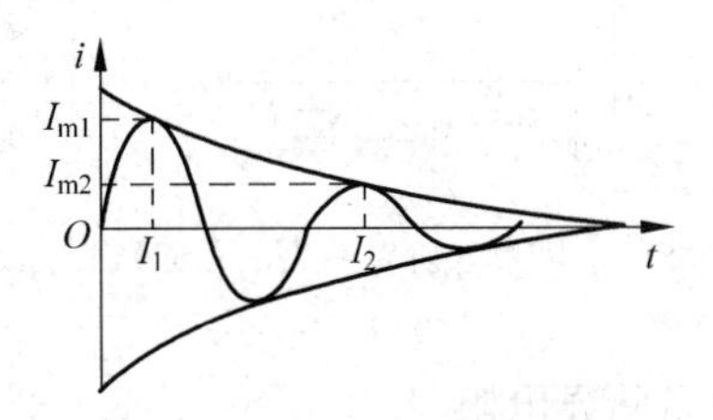

(b) 流过电阻的电流随时间变化的曲线

图 2-19-3　RLC 串联电路欠阻尼振荡

三、实验仪器和器材

(1) 函数信号发生器。
(2) 示波器。
(3) 电容。
(4) 电感。
(5) 电位器。
(6) 实验电路板。
(7) 短接桥。
(8) 导线。

四、实验内容和步骤

1. 组成观测二阶电路过渡过程的实验电路

按图 2-19-4 接线，$C=0.01\mu F$，$L=10mH$，电阻元件用电阻箱；方波激励信号取自函数信号发生器，频率为 1kHz，峰峰值为 6V，占空比为 50%。

2. 观测过渡过程曲线

1) 描绘电容两端电压随时间变化的曲线

调节电阻箱，使 R 在 0～4kΩ 间变化，用示波器观察电容两端电压 u_C 在欠阻尼(衰减振荡)、临界阻尼和过阻尼情况下随时间 t 变化的波形，把 3 条曲线用不同线型或不同颜色描绘在同一坐标系中。

2) 描绘电流随时间变化的曲线

改为如图 2-19-5 所示的实验电路，调节电阻箱，使 R 在 0～4kΩ 间变化，用示波器观测电阻两端电压 U_R 在欠阻尼(衰减振荡)、临界阻尼和过阻尼情况下随时间 t 变化的波形，因流过电阻的电流 I_R 与电阻两端的电压 U_R 同相位，$I_R=U_R/R$，所以可以把电阻两端电压随时间变化的曲线换算成流过电阻的电流随时间变化的曲线。把 3 条电流曲线用不同线型或不同颜色描绘在同一坐标系中。根据衰减振荡波形计算衰减系数 δ 和衰减振荡周期 T。

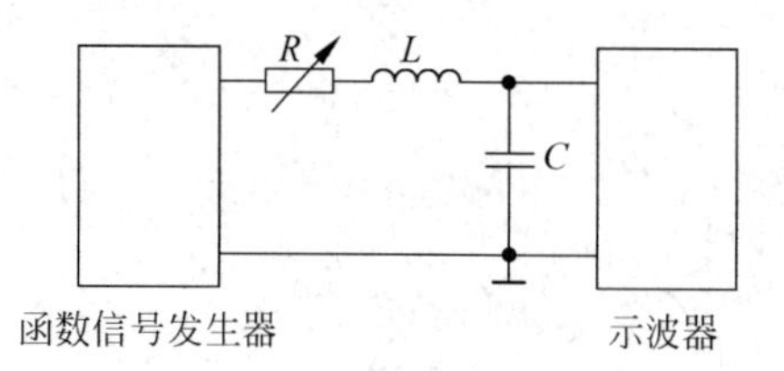

图 2-19-4 观测二阶电路 $U_C(t)$ 曲线

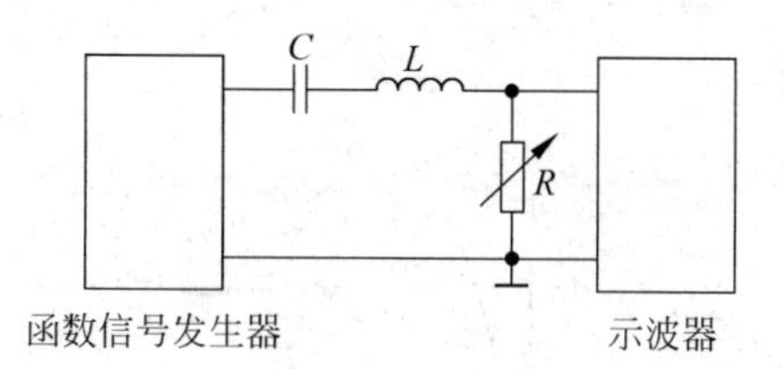

图 2-19-5 观测二阶电路 $I_R(t)$ 曲线

3. 测量临界电阻

用示波器将波形放大，从斜率变化最大处的局部放大图上仔细观察 R 改变时波形的变化，找到临界状态，记录此时的电阻值，将实验测量值与理论计算值 $R=2\sqrt{L/C}$ 相比较，分析产生测量误差的原因。

五、选做内容

用示波器观察3种情况下电容两端电压与电感两端电压之间的相位关系，说明如何通过相位关系确定临界阻尼状态。

六、思考题

(1) 如何用示波器测量电流曲线？为什么不能将示波器串联在电路中直接观测电流随时间变化的曲线？

(2) 若测量电流曲线仍用图2-19-4所示的电路，将示波器并联在电阻两端，测量结果是否正确？为什么？

实验 20　研究 LC 元件在直流电路和交流电路中的特性实验

电感元件的感抗和电容元件的容抗在交流电路中都是频率的函数，直流电路是频率等于 0 的特例。电感和电容是除了电阻之外最常用的电子元件，直流电路和 50Hz 交流电路是最常用的供电电路。因此，研究 LC 元件在直流和 50Hz 交流电路中的特性具有广泛的实用价值。

一、实验目的

(1) 研究电感元件和电容元件在直流电路中的特性。

(2) 研究电感元件和电容元件在交流电路中的特性。

(3) 加深理解正弦交流电路中相量和相量图的概念。

二、原理

1. 电感元件

线性电感元件上的电压、电流关系为

$$u = L\frac{\mathrm{d}i}{\mathrm{d}t} \tag{2-20-1}$$

其中 L 为电感元件的电感量。

这一关系式表明电感元件是一个动态元件，在如图 2-20-1 所示的电路中，电感两端的电压与通过电感的电流随时间的变化率成正比。在直流电路中，电流不随时间变化，即 $\frac{\mathrm{d}i}{\mathrm{d}t}=0$ 时，电感两端的电压为零，故理想的电感元件在直流电路中相当于短路线。

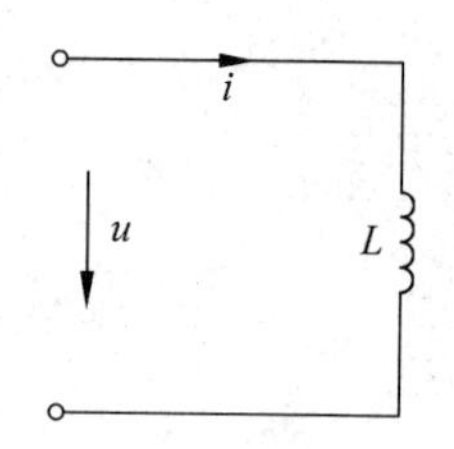

图 2-20-1　电路中的电感元件

如果将电感元件 L 接在交流电路中，其动态性质就表现为感抗($X_L=\omega L$)的形式。感抗与角频率(或频率)成正比，随角频率(或频率)的升高而增大，表明电感在高频时有较大的感抗；当 $\omega=0$(即直流)时，$X_L=0$，电感相当于短路线。所以，电感元件在电路中通常用来接通直流和低频信号，阻碍高频信号通过。

2. 电容元件

线性电容元件两端的电压和流过电容的电流之间的关系为

$$i = C\frac{\mathrm{d}u}{\mathrm{d}t}$$

显然，电容元件也是一个动态元件，在如图 2-20-2 所示电路中显示的性质和加在元件上电压随时间的变化率成正比。在直流电路中，电压不随时间变化，即$\frac{\mathrm{d}u}{\mathrm{d}t}=0$，流过电容元件的电流为零，故电容元件在稳态直流电路中有隔断电流（简称隔直）的作用。

如果将电容元件接在交流电路中，它的动态特性就表现为容抗$\left(X_C=\frac{1}{\omega C}\right)$的形式，容抗与角频率（或频率）成反比。当$\omega\to\infty$时，$X_C\to 0$，即电容相当于短路；而当$\omega=0$（直流）时，$X_C=\infty$，即电容相当于开路。所以电容元件在电路中具有通高频、阻低频、隔直流信号的作用。

在正弦交流电路中，电压、电流可以用相量表示。相量形式的基尔霍夫定律为

$$\sum \dot{I}=0,\quad \sum \dot{U}=0$$

对于图 2-20-3 所示的电路，在测量各支路电流和元件上电压的有效值后，可以用两种办法建立这些量的相量关系。

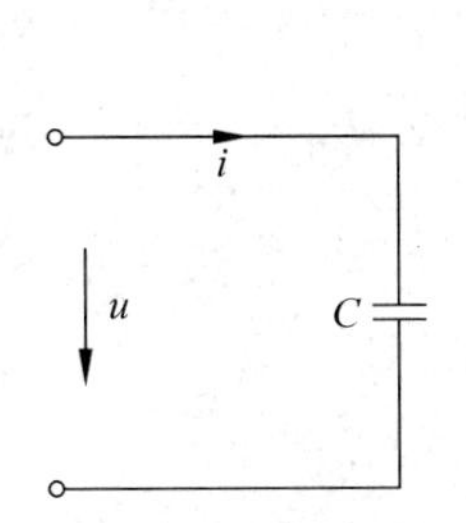

图 2-20-2　电路中的电容元件

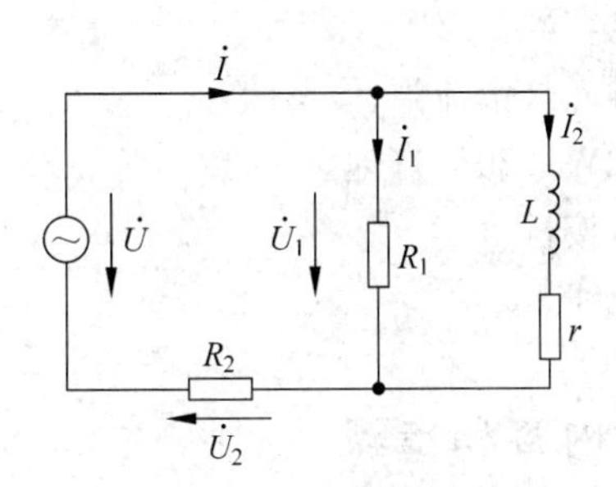

图 2-20-3　交流电路

1）计算阻抗角法

先计算阻抗角，再根据阻抗角绘制相量图。

电路中电阻R，灯泡均为电阻性负载，阻抗角为零，实际电感元件具有电感L和电阻r，其阻抗角$\varphi=\arctan\frac{\omega L}{r}$。

① 取$\dot{I}_1$作为参考相量，$\dot{U}_1$与$\dot{I}_1$同相位，画出起始点相同、方向相同的两个相量$\dot{I}_1$和$\dot{U}_1$。

② 根据计算值φ画出相量$\dot{I}_2$。

③ 用平行四边形确定相量$\dot{I}$。

④ 画出与相量$\dot{I}$同相位的相量$\dot{U}_2$。

⑤ 用平行四边形确定相量$\dot{U}$。

电压和电流相量图如图 2-20-4 所示。

2）闭合三角形法

根据$\sum \dot{I}=0$，将3个电流I_1、I_2和I构成一闭合三角形，从图中可以确定$\dot{I}_1$、$\dot{I}_2$和$\dot{I}$间的相量关系，如图 2-20-5 所示。

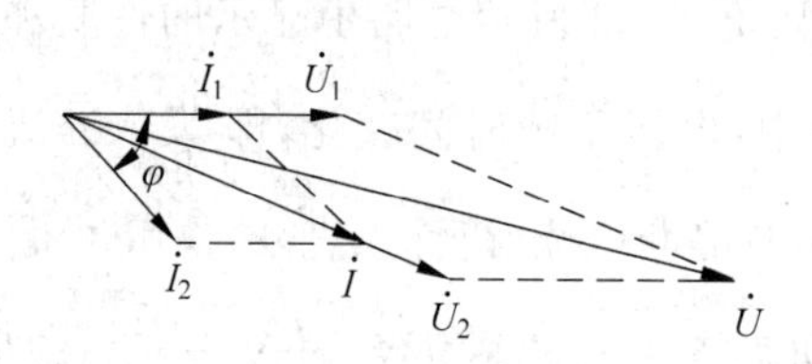

图 2-20-4 电压和电流相量关系

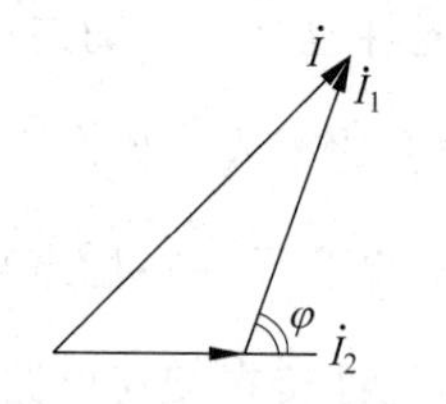

图 2-20-5 电流相量关系

用同样的方法可以确定$\dot{U}_1$、$\dot{U}_2$ 和$\dot{U}$之间的相量关系。

三、实验仪器和器材

(1) 0～240V 交、直流可调电源。
(2) 交、直流电压/电流表。
(3) 电容器。
(4) 日光灯镇流器。
(5) 60W/220V 灯泡。
(6) 短接桥。
(7) 导线。

四、实验内容和步骤

1. 观察电容器在直流电路中的特性

按图 2-20-6 接线，将两个 60W/220V 灯泡串联作为电阻；电容 C 为 2μF，耐压 400V；使用 0～240V 交、直流可调电源供电，调节调压器，使整流桥直流输出电压 U=220V 后，断开开关 S，将此直流电压加到灯泡与电容串联的电路上，用交、直流电压/电流表测量电流和电压，填入表 2-20-1 中。闭合开关 S，观察此时灯泡亮度的变化，用交、直流电压/电流表测量电流和电压，填入同一表中。

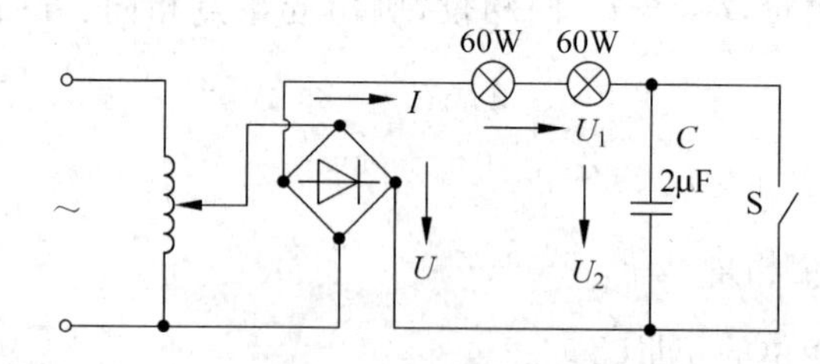

图 2-20-6 观察电容器在直流电路中的作用

2. 观察电容器在交流电路中的特性

调节调压器输出电压，将 220V 交流电压加到图 2-20-7 所示电路上，断开开关 S，用交、直流电压/电流表测量灯泡与电容串联时的电流和电压，闭合开关 S 后，观察灯泡的亮度变化，测量此时的电流和电压，将测量结果填入表 2-20-1 中。

表 2-20-1 测定 C 元件在直流和交流电路中的特性

		灯泡亮度	电流/mA	U_1/V	U_2/V
直流 220V	短接 C				
	串联 C				
交流 220V	短接 C				
	串联 C				

3. 观察电感在交、直流电路中的特性

将图 2-20-6 和图 2-20-7 中的电容 C 换成电感 L（本实验用日光灯中的镇流器，实为 L 与 r 串联），重复实验内容 1 和 2 的步骤，将结果填入表 2-20-2 中。

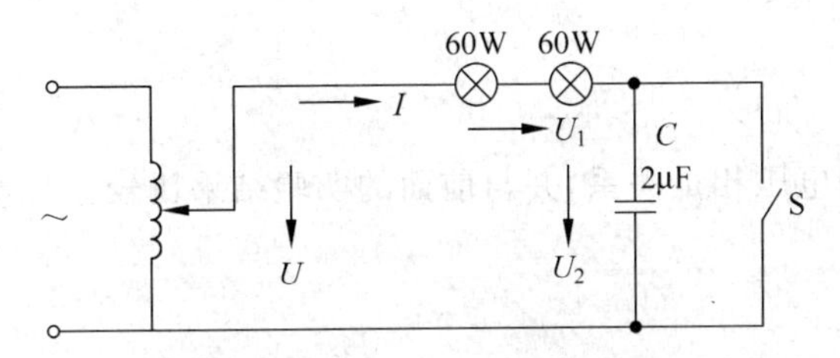

图 2-20-7 观察电容器在交流电路中的作用

表 2-20-2 测定 L 元件在直流和交流电路中的特性

		灯泡亮度	电流/mA	U_1/V	U_2/V
直流 220V	短接 L				
	串联 L				
交流 220V	短接 L				
	串联 L				

表中“灯泡亮度”用“很亮”、“亮”、“暗”、“很暗”等词形容。

4. 测量 RC 电路的参数

将图 2-20-3 中的两个电阻分别用两组灯泡代替，每组灯泡为两个 60W/220V 灯泡串联，按图 2-20-8 所示接线，电容 C 取 2μF，输入 220V 交流电压，测量电流 I、I_1、I_2 及电压 U、U_1、U_2，将测量结果填入表 2-20-3 中。

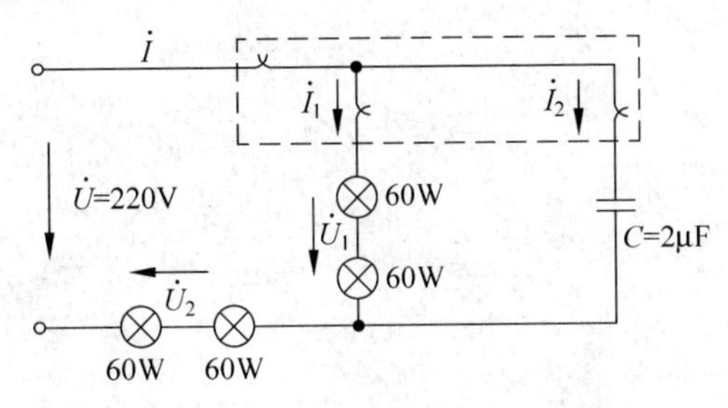

图 2-20-8 测量 RC 电路的参数

表 2-20-3 测定各支路电流及各段电压

测量项目	U/V	U_1(V)	U_2/V	I/mA	I_1/mA	I_2/mA
数据						

5. 总结 LC 元件的特性

对实验步骤 1、2、3 中所观察到的现象及测量的数据作出解释，说明 LC 元件在直流和交流电路中表现出的不同特性。

6. 验证交流电路中的基尔霍夫定律

根据实验步骤 4 所测得的数据，画出相量图，验证交流电路中的基尔霍夫定律。

五、选做实验

用双踪示波器观测电压相量关系，并与前面的实验结果比较。注意使用示波器时，探头应衰减 10 倍。

六、思考题

表 2-20-1 中，输入直流电压是 220V，而电容器上的电压却高于 220V，为什么？

实验 21　研究正弦交流电路中 *RLC* 元件特性的实验

电阻、电感、电容是构成电路的最常用的基本元件，正弦交流电路在实际电路中有非常广泛的应用，因此，研究并掌握 *RLC* 元件在正弦交流电路中的特性是学好后续电路课程的基础。

一、实验目的

(1) 通过实验加深对 *RLC* 元件在正弦交流电路中基本特性的认识。

(2) 研究 *RLC* 元件在并联电路中总电流和各支路电流之间的关系。

二、原理

线性时不变电路在正弦信号激励下的响应可以用微分方程式描述。方程的解由齐次方程式的通解和非齐次方程式的特解组成。直接求解微分方程或求解相量代数方程均可以得到电路的稳态解。

1. *RLC* 元件电压与电流之间的相量关系

1) 电阻元件

将电压和电流写成相量形式，电阻元件在正弦交流电路中的伏安特性关系可以写成欧姆定律的形式，即

$$\dot{U} = \dot{I} \cdot R \tag{2-21-1}$$

其中，$\dot{U}=U\angle\varphi_u$，$\dot{I}=I\angle\varphi_i$，分别为电压相量和电流相量。将其代入式(2-21-1)，有

$$U\angle\varphi_u = I\angle\varphi_i \cdot R \tag{2-21-2}$$

式(2-21-2)说明：①电压有效值、电流有效值、电阻之间的关系符合欧姆定律；②电压与电流同相位，即 $\varphi_u=\varphi_i$；③电阻元件的阻值与频率无关。

2) 电容元件

电压相量与电流相量之间的关系为

$$\dot{U} = \dot{I} \cdot X_C \tag{2-21-3}$$

其中，$\dot{U}=U\angle\varphi_u$，$\dot{I}=I\angle\varphi_i$，$X_C=\frac{1}{\mathrm{j}\omega C}=\frac{1}{\omega C}\angle-90^\circ$。将其代入式(2-21-3)，有

$$U\angle\varphi_u = I\frac{1}{\omega C}\angle\varphi_i-90^\circ \tag{2-21-4}$$

式(2-21-4)说明：①电容 C 两端电压的有效值与电流的有效值之间不仅与电容量的大

小有关，而且和电源的角频率 ω 的大小有关。当电容 C 一定时，ω 越高，电容的容抗越小；在电压一定的情况下，电容的容抗越小，电流越大。反之，当电容 C 一定时，ω 越低，电容器的容抗越大；在一定电压情况下，容抗越大，电流越小。②流过电容的电流比其端电压超前 90°。

3）电感元件

电压与电流间的相量关系为

$$\dot{U} = \dot{I} \cdot X_L \tag{2-21-5}$$

其中，$\dot{U}=U\angle\varphi_u$，$\dot{I}=I\angle\varphi_i$，$X_L=\mathrm{j}\omega L=\omega L\angle 90°$。将其代入式(2-21-5)，有

$$U\angle\varphi_u = I \cdot \omega L\angle\varphi_i + 90° \tag{2-21-6}$$

式(2-21-6)表明：①电感 L 两端的电压有效值与流过电感的电流有效值之间不仅与电感量 L 的大小有关，还与电源的角频率 ω 有关。电感元件 L 的感抗是 ω 的函数，ω 越高，感抗越大；在电压一定的情况下，感抗越大，流过电感元件的电流越小；反之，ω 越低，感抗越小；在电压一定的情况下，感抗越小，流过电感的电流越大。②电感两端的电压比电流超前 90°。

2. *RLC* 并联电路中总电流和各支路电流的关系

RLC 并联电路如图 2-21-1 所示，其中 r 为电感 L 的直流电阻，而不是与电感串联的独立的电阻。根据交流电路的基尔霍夫定律有

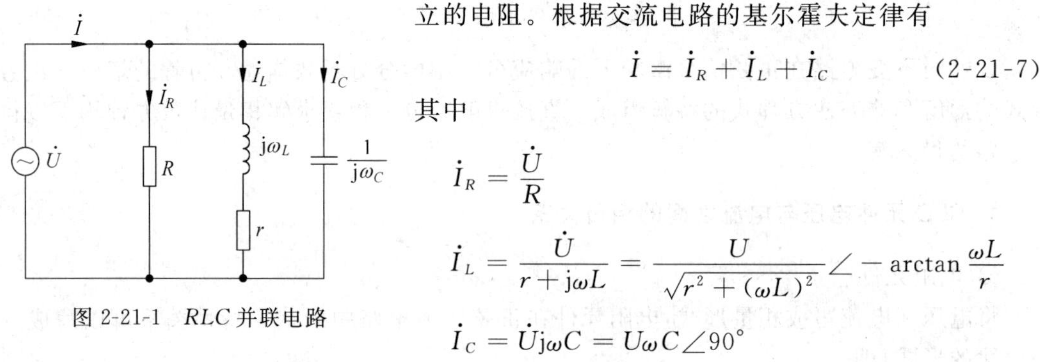

图 2-21-1 *RLC* 并联电路

$$\dot{I} = \dot{I}_R + \dot{I}_L + \dot{I}_C \tag{2-21-7}$$

其中

$$\dot{I}_R = \frac{\dot{U}}{R}$$

$$\dot{I}_L = \frac{\dot{U}}{r+\mathrm{j}\omega L} = \frac{U}{\sqrt{r^2+(\omega L)^2}}\angle -\arctan\frac{\omega L}{r}$$

$$\dot{I}_C = \dot{U}\mathrm{j}\omega C = U\omega C\angle 90°$$

故

$$\dot{I} = \dot{U}\left(\frac{1}{R}+\frac{1}{r+\mathrm{j}\omega L}+\mathrm{j}\omega C\right) = \dot{I}_R + \dot{I}_L + \dot{I}_C \tag{2-21-8}$$

即并联电路总电流相量 $\dot{I}$ 是各支路电流相量 $\dot{I}_R$、$\dot{I}_L$、$\dot{I}_C$ 的相量之和。

三、实验仪器和器材

（1）函数信号发生器。

（2）0～30V 直流稳压电源。

（3）电阻。

（4）电感。

（5）电容。

（6）双踪示波器。

(7) 实验电路板。
(8) 短接桥。
(9) 导线。

四、实验内容及步骤

1. 连接实验电路

在电路实验板上按图 2-21-2 所示接线,其中 $R=620\Omega$,$L=10\text{mH}$、$C=0.1\mu\text{F}$,图中 $r=40\Omega$,是电感线圈本身的直流电阻,不是外接的电阻。

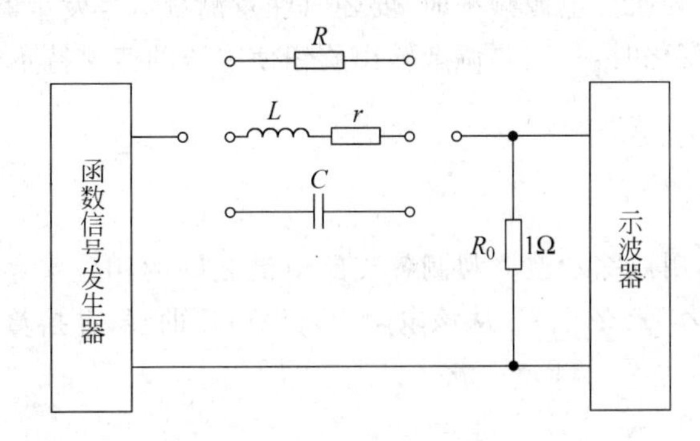

图 2-21-2 R、L、C 元件在交流电路中的特性实验电路

2. 测量方法

此实验中电压的测量要用示波器,不能用普通机电式指针表,因为普通机电式指针表只适于测量低频和直流信号;电流的测量采用间接测量法,即用示波器测量 $R_0=1\Omega$ 上的电压,然后折算出电流。

3. 测定电流

打开函数信号发生器的开关,将输出信号调至峰峰值 $U_{pp}=6\text{V}$,频率 $f=2\text{kHz}$ 的正弦波,分别测量流过电阻 R、电感 L、电容 C 的电流 I_R、I_L、I_C,然后再把电阻 R、电感 L、电容 C 并联起来,测量总电流 I,将各测量结果填入表 2-21-1 中。

表 2-21-1 $U_{pp}=6\text{V}$(保持不变)

	f	2kHz	10kHz	20kHz
$R=620\Omega$	I_R/mA			
	R			
$L=10\text{mH}$	I_L/mA			
	Z_L			
$C=0.1\mu\text{F}$	I_C/mA			
	X_C			
I/mA				

保持正弦信号电压峰峰值 $U_{PP}=6V$，调节输出频率 $f=10kHz$，重复测量通过各元件电流及并联后的总电流，并将结果填入表 2-21-1 中。

仍保持正弦波信号源输出电压峰峰值为 $U_{PP}=6V$，调节输出频率 $f=20kHz$，重复测量各元件电流及并联后总电流，将测量结果填入表 2-21-1 中。

注意观察频率变化后，通过各元件电流的变化，通过测量数据说明各元件阻抗与频率的关系。

根据实验数据说明在正弦信号作用下，RLC 并联电路中各支路电流及总电流的关系。

根据实验结果画出在不同频率下信号发生器输出电压及各电流的相量图。

注意事项

为减小测量误差，在改变电源频率时，要随时注意测量信号发生器的输出电压。当输出电压随频率调节发生变化时，一定要调节输出旋钮使电压的值保持不变。

五、选做实验

试设计实验电路，用双踪示波器观测各支路电流之间的相位关系。实验电路中在每一支路上串联一个阻值为 1Ω 的电阻，从该电阻上观测电压曲线，并换算成电流曲线。

六、思考题

(1) 电容的容抗及电感的感抗与哪些因素有关？

(2) 直流电路中电容和电感各起什么作用？

(3) 实验中为什么要用示波器测量电压和电流，而不用万用表？

(4) 把示波器串入电路测量电流是否可行？为什么？

实验 22　RL 和 RC 串联电路实验

RL 和 RC 串联电路是两种最基本的串联电路。本实验研究这两个电路的交流参数和相量关系。

一、实验目的

（1）通过实验验证 RL 及 RC 串联电路的电压关系。

（2）学习用电压表、电流表测量带铁心电感线圈的等效电阻及电感量的方法。

二、原理

1. RC 串联电路的电压关系

用一只白炽灯泡做电阻和一只电容器串联在电路中，就构成 RC 串联电路，如图 2-22-1 所示。

在 RC 串联电路中，交流电流通过电阻（灯泡）R 时，在 a、b 两点间产生电压降 U_R，通过电容 C 时，在 b、c 两点间产生电压降 U_C。根据纯电阻电路中的欧姆定律，有 $\dot{U}_R=\dot{I}\cdot R$，并且 $\dot{U}_R$ 与 $\dot{I}$ 同相位；根据纯电容电路的欧姆定律 $\dot{U}_C=-\mathrm{j}I\cdot X_C$，并且 $\dot{U}_C$ 滞后 $\dot{I}$ 相位 90°。电源电压（即 a、c 两点间电压）等于电阻两端电压降 $\dot{U}_R$ 与电容两端电压降 $\dot{U}_C$ 的相量和，即

$$\dot{U}=\dot{U}_R+\dot{U}_C \tag{2-22-1}$$

其相量图如图 2-22-2 所示。

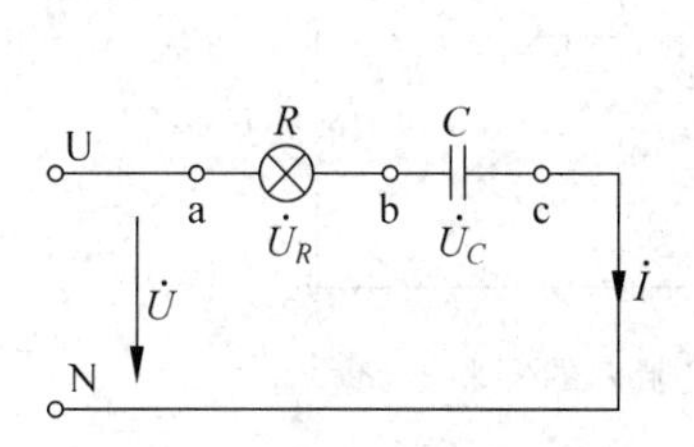

图 2-22-1　RC 串联电路

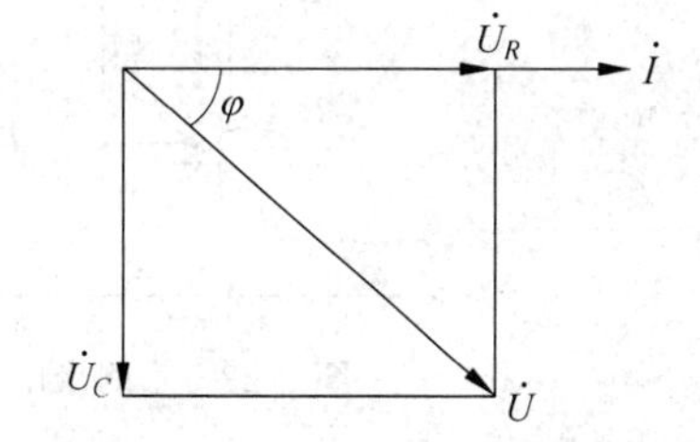

图 2-22-2　RC 串联电路中各电压之间的相量

由图 2-22-2 可以看出，U、U_R、U_C 为一直角三角形的 3 个边，其有效值间的关系为

$$U=\sqrt{U_R^2+U_C^2} \tag{2-22-2}$$

$$\varphi=\arctan\frac{U_C}{U_R}=\arctan\frac{X_C}{R} \tag{2-22-3}$$

2. RL 串联电路的电压关系

在图 2-22-3 所示的 RL 串联电路中，交流电流通过电阻 R 产生电压降 U_R，根据纯电阻

电路欧姆定律$\dot{U}_R=\dot{I}R$，$\dot{U}_R$与$\dot{I}$同相位；交流电流通过电感L，产生电压降$\dot{U}_L$，根据纯电感电路欧姆定律$\dot{U}_L=\mathrm{j}\,\dot{I}\cdot X_L$，$\dot{U}_L$超前$\dot{I}$相位90°。电源电压$\dot{U}$等于电阻两端电压$\dot{U}_R$与电感两端电压降$\dot{U}_L$的相量和，即

$$\dot{U}=\dot{U}_R+\dot{U}_L \tag{2-22-4}$$

其相量关系如图2-22-4所示。

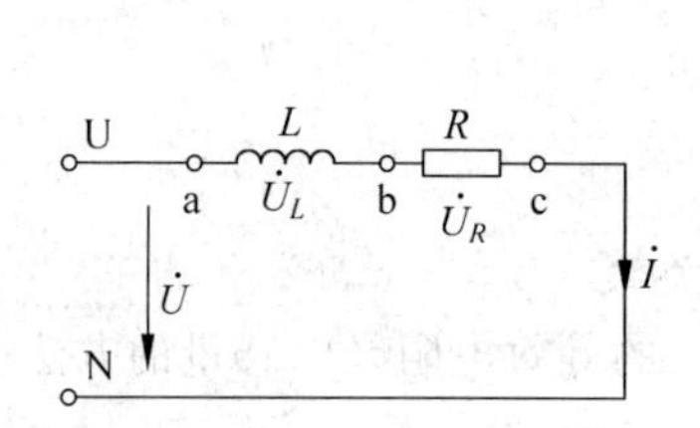

图2-22-3 *RL*串联电路

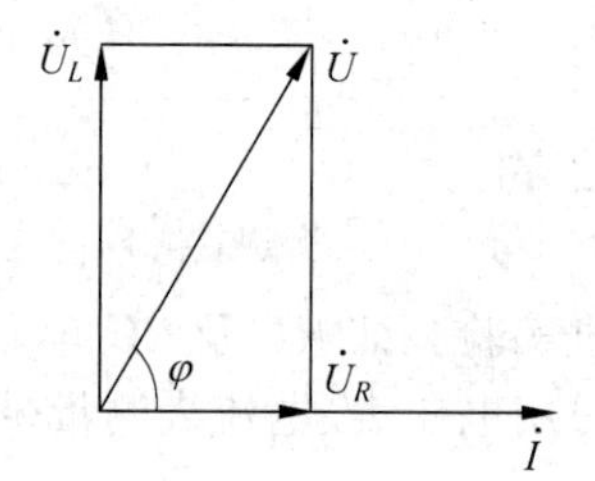

图2-22-4 *RL*串联电路中各电压之和

由图2-22-4可以看出，3个电压有效值U、U_R、U_L构成直角三角形的3个边，存在关系

$$U=\sqrt{U_R^2+U_L^2} \tag{2-22-5}$$

$$\varphi=\arctan\frac{U_L}{U_R}=\arctan\frac{X_L}{R} \tag{2-22-6}$$

对于一个实际的电感线圈来说，当它被连接到交流电路上时，除具有电感参数外，还有电阻r存在。本实验采用日光灯镇流器作为电感元件，镇流器是一个带铁心的电感元件，除电感参数外，还要考虑等效电阻参数。等效电阻r需要考虑导线直流电阻和铁心损耗等值电阻两方面的因素，其值是不能用欧姆表或电桥直接测量出来的。本实验用图2-22-5所示的电路来测量等值电阻r和电感L。

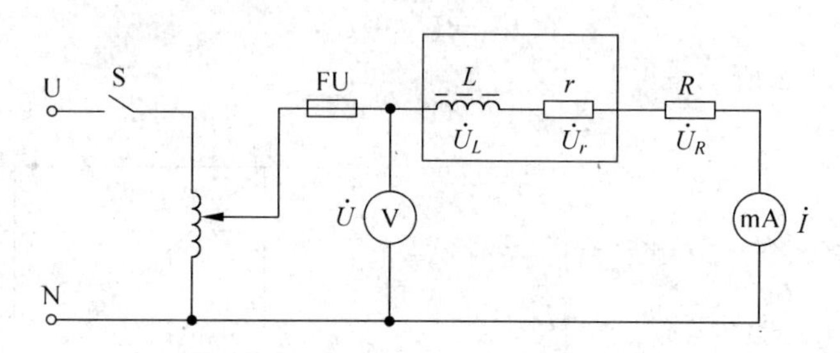

图2-22-5 测量电感L及等值电阻r的实验电路

根据欧姆定律，有

$$I=\frac{U}{Z}=\frac{U}{\sqrt{X_L^2+(r+R)^2}} \tag{2-22-7}$$

实验时，采用保持电路电流I数值不变的办法，使电压U随电阻R的改变而改变。在$R=R_1$时，电压$U=U_1$，则由式(2-22-7)可得

$$X_L^2+(r+R)^2=\frac{U_1^2}{I^2} \tag{2-22-8}$$

在$R=R_2$时，电压$U=U_2$，有

$$X_L^2+(r+R)^2=\frac{U_2^2}{I^2} \tag{2-22-9}$$

由式(2-22-9)与式(2-22-8)相减，可得

$$r=\frac{U_2^2-U_1^2}{2I^2(R_2-R_1)}-\frac{R_1+R_2}{2} \tag{2-22-10}$$

将已测出的 I、U_1、U_2、R_1、R_2 代入式(2-22-10)，可求出等值电阻 r 的数值。

将 r 的数值代入式(2-22-8)或式(2-22-9)，可求出 X_L 的数值。因 $X_L=2\pi fL$，有

$$L=\frac{X_L}{2\pi f} \tag{2-22-11}$$

三、实验仪器和器材

(1) 单相调压器。

(2) 交、直流电压/电流表。

(3) 实验电路板。

(4) 日光灯镇流器。

(5) 滑线变阻器。

(6) 电阻。

(7) 导线。

四、实验内容及步骤

(1) 按图 2-22-1 接线，接通电源后，用电压表测量 $U_R=U_{ab}$，$U_C=U_{bc}$，$U=U_{ac}$，用电流表测量电流 I。

(2) 用相量求和方法计算$\dot{U}_R+\dot{U}_C$，验证式(2-22-2)和式(2-22-3)。

(3) 用作图法作出 U_R、U_C 及 U'，从图中求出 U' 的数值，与第 2 步的计算结果进行比较，用量角器测量相角 φ，与第 2 步的计算结果比较。

(4) 将测量数据和计算值记入表 2-22-1 中。

表 2-22-1 测量 RC 串联电路参数

$R=U/I/\Omega$	$C/\mu F$	I/mA	U_R/V	U_C/V	U/V	$\sqrt{U_R^2+U_C^2}/V$	U'/V	φ	φ'

(5) 按图 2-22-5 接线，使调压器输出为零，滑线变阻器电阻值为 $R_1=100\Omega$。

(6) 接通电源，使调压器输出电压逐渐升高，直到电流为 0.4A，记录电流 I 和此时的电压 U_1。

(7) 调压器输出回零，切断电源。

(8) 改变滑线变阻器阻值为 $R_2=200\Omega$。

(9) 重复步骤(6)的实验内容，使 $I=0.4A$，记录此时的电压 U_2，将测量数据和计算值填入表 2-22-2 中。

表 2-22-2 测量 RL 串联电路参数

I/mA	R_1/Ω	R_2/Ω	U_1/V	U_2/V

(10) 将表 2-22-2 中的参数代入式(2-22-8)～式(2-22-11),计算 r 和 L。

五、选做实验

用万用表测定日光灯镇流器的直流电阻,与实验中得到的 r 比较。

六、思考题

(1) 实验中将电流调到 0.4A,若将电流改为 150mA,对测量精度有什么影响?
(2) 在本实验中,能否用普通电阻箱代替滑线变阻器?为什么?

实验 23　相位差测量实验

在分析和计算电路参数时，经常需要了解信号之间的相位关系，在没有专用仪器的情况下，可以用示波器进行测量。

一、实验目的

(1) 学习用示波器测量正弦电压信号之间相位差的方法。

(2) 加深对有功功率概念的理解。

(3) 通过实验了解 RC 低通滤波器的电路特性。

二、原理

1. 同频率正弦信号相位差的测量

将两个被测信号分别从示波器水平输入端(X 端)和垂直输入端(Y 端)输入，示波器的荧光屏上将呈现一个椭圆图形。根据这个椭圆的几何形状可以计算出两个被测信号的相位差。

设加在水平输入端的信号为

$$x = U_x \sin\omega t \tag{2-23-1}$$

加在垂直输入端的信号为

$$y = U_y \sin(\omega t + \varphi) \tag{2-23-2}$$

其中，U_x 和 U_y 分别为两个输入信号的振幅；ω 为角频率；t 为时间；φ 为两个信号之间的相位差。

当 $x=0$ 时，由式(2-23-1)得

$$\omega t = n\pi(n = 0,1,2,\cdots) \tag{2-23-3}$$

代入式(2-23-2)，得到椭圆与 y 轴两个交点的 y 坐标

$$y_0 = \pm U_y \sin\varphi \tag{2-23-4}$$

因此有

$$\varphi = \arcsin\frac{2y_0}{2U_y} \tag{2-23-5}$$

式中，$2y_0$ 是椭圆与 y 轴两个交点之间的距离；$2U_y$ 是 y 轴输入信号振幅的 2 倍，即椭圆在 y 轴投影的两个最大值之间的距离，如图 2-23-1 所示。

2. 测量负载电压与负载电流之间的相位差

设负载电路的复阻抗为 $\dot{Z}$，取一个电阻 r，满足 $r \ll |\dot{Z}|$，将负载电路与电阻串联后再接

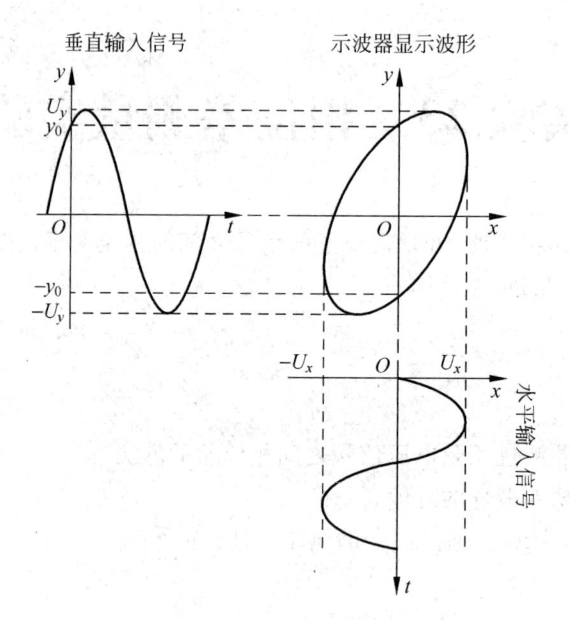

图 2-23-1 用示波器测量相位差的原理

入原电路。由于电阻两端电压与流过电阻的电流同相位，流过电阻 r 的电流又与流过负载电路的电流相等(大小相等，相位相同)，则负载电路与电阻 r 串联的电路与电阻 r 在正弦交流电路中的相位差可以近似为负载电路两端电压与流过负载电路电流之间的相位差。测量电路如图 2-23-2 所示。

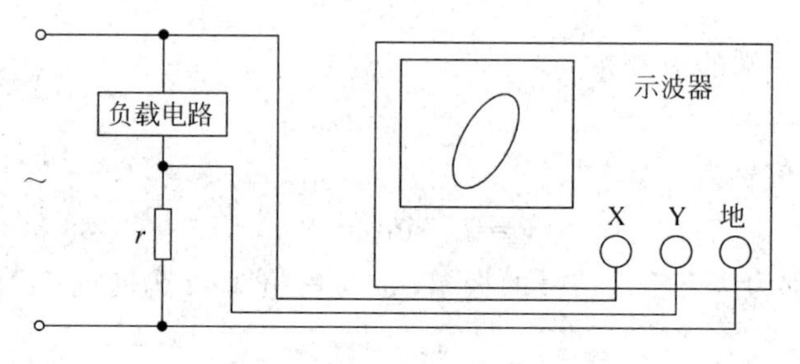

图 2-23-2 相位差测量电路

3. 计算负载电路的有功功率

有功功率定义为

$$P = U \cdot I \cdot \cos\varphi \tag{2-23-6}$$

其中，U 是负载电路两端电压的有效值；I 是流过负载电路电流的有效值；φ 是 U 与 I 之间的相位差；$\cos\varphi$ 是功率因数。

对于线性正弦交流电路，有效值是峰值的 $\frac{1}{\sqrt{2}}$，所以，可以将式(2-23-6)改写为

$$P = \frac{1}{2} U_{\mathrm{P}} \cdot I_{\mathrm{P}} \cdot \cos\varphi \tag{2-23-7}$$

按图 2-23-2 测量时，有

$$U_P \approx U_x, \quad I_P \approx \frac{U_y}{r} \tag{2-23-8}$$

将式(2-23-5)、式(2-23-8)代入式(2-23-7)中,得到

$$P = \frac{U_x \cdot U_y}{2r}\cos\left(\arcsin\frac{2y_0}{2U_y}\right) \tag{2-23-9}$$

三、实验仪器和器材

(1) 函数信号发生器。
(2) 双踪示波器。
(3) 实验电路板。
(4) 电阻。
(5) 电容。
(6) 导线。

四、实验内容及步骤

用 1kΩ 电阻和 0.1μF 电容组成的 RC 低通滤波器作为负载电路,与负载电路串联的电阻取为 $r=10\Omega$,正弦交流信号取自函数信号发生器,输入信号的峰峰值为 6V,实验电路如图 2-23-3 所示。

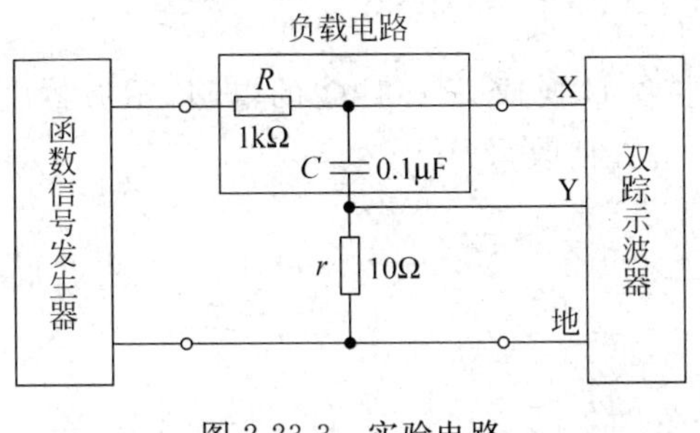

图 2-23-3 实验电路

1. 测量相位差

调节函数信号发生器,使其输出正弦信号的频率如表 2-23-1 中所要求的数值。注意在实验过程中始终使函数信号发生器的实际输出电压峰峰值保持 6V。从示波器上测量 $2U_x$、$2U_y$ 和 $2y_0$,将测量数据填入表 2-23-1 中。

表 2-23-1 相位差测量实验

f/kHz	5	10	15	20	25	30	35	40
$2U_x$/V								
$2U_y$/V								
$2y_0$/V								
φ/(°)								

根据式(2-23-5)计算相位差 φ,填入表 2-23-1 中。以频率 f 作为横轴,以相位差 φ 作为纵轴,绘制相位差 φ 随频率 f 变化的曲线。

2. 计算有功功率

根据式(2-23-9)及表 2-23-1 中所列的数据计算 RC 低通滤波器消耗的有功功率,将计算结果填入表 2-23-2 中。

表 2-23-2 计算有功功率

f/kHz	5	10	15	20	25	30	35	40
P/μW								

按表 2-23-2 中的数据绘制 RC 低通滤波器上消耗有功功率 P 随频率 f 变化的曲线。

五、选做实验

1. 将实验电路中的电阻 R 和电容 C 互换,构成高通滤波电路,测量滤波器电压与电流之间相位差随频率 f 变化的曲线。

2. 计算高通滤波器消耗有功功率随频率 f 变化的曲线。

六、思考题

若将负载电路中的电容 C 换成一个 1kΩ 的电阻,示波器上应显示什么图形?此时式(2-23-5)和式(2-23-9)应如何改写?

实验 24　三表法测量电路交流参数

未知元件或未知电路的交流参数可通过实验方法得到。本实验先测量电压、电流和有功功率,再根据定义计算交流参数。

一、实验目的

(1) 掌握测量交流电压有效值、交流电流有效值、有功功率的方法。
(2) 加深对电路交流参数物理意义的理解。
(3) 熟悉计算电路交流参数的公式。

二、原理

二端无源网络的交流参数可写为复阻抗形式,即

$$\dot{Z} = R + \mathrm{j}X \tag{2-24-1}$$

其中,实部 R 为等效电阻;虚部 X 为等效电抗。

当 $X>0$ 时,复阻抗呈感性;当 $X<0$ 时,复阻抗呈容性;当 $X=0$ 时,复阻抗为纯电阻。

1. 三表法及电路交流参数计算

用交流电压表、交流电流表和功率表分别测量无源二端网络端口电压有效值 U、流入端口电流的有效值 I、电路消耗的有功功率 W 后,可通过这 3 个测量值计算该电路的交流参数,这种方法通常称为"三表法"。

有功功率定义为

$$W = UI\cos\varphi \tag{2-24-2}$$

其中,φ 为电压与电流之间的相角;$\cos\varphi$ 称为功率因数。

复阻抗的模为电压有效值与电流有效值之比,即

$$|\dot{Z}| = U / I \tag{2-24-3}$$

等效电阻 R 与有功功率 W 及电流有效值 I 之间的关系为

$$R = W/I^2 \tag{2-24-4}$$

有效电抗 X 与其他两个交流参数的关系为

$$X = \pm\sqrt{|\dot{Z}|^2 - R^2} \tag{2-24-5}$$

若电路呈感性,式(2-24-5)中取"+";若电路呈容性,式(2-24-5)中取"−"。

测量时可针对不同的阻抗,用电流表外接法或电流表内接法测量,如图 2-24-1 所示。

2. 阻抗性质的判断方法

常用以下 3 种方法判断阻抗性质。

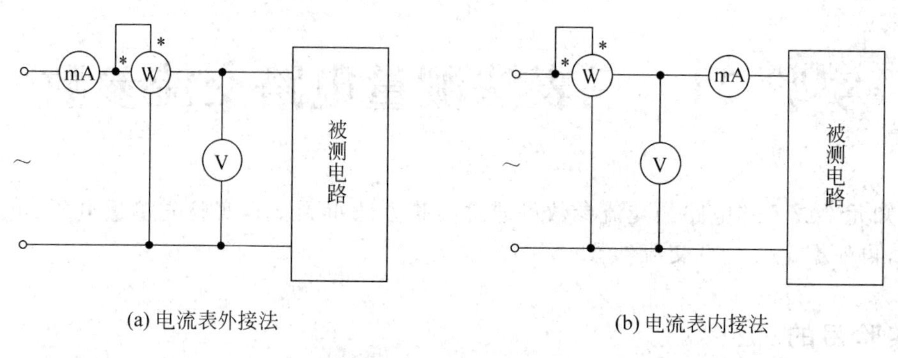

图 2-24-1 三表法测量电路

1）用示波器观察电压与电流之间的相位关系

测量电路如图 2-24-2 所示，电压信号直接取自被测电路端口，送入双踪示波器的一个探头；将一个小电阻 R 与被测电路串联，从小电阻两端取电压，送入示波器的另一个探头，因纯电阻两端的电压与流过该电阻的电流同相位，所以按图 2-24-2 所示接线后，从示波器上可以观测到被测电路电压与电流之间的相位关系。

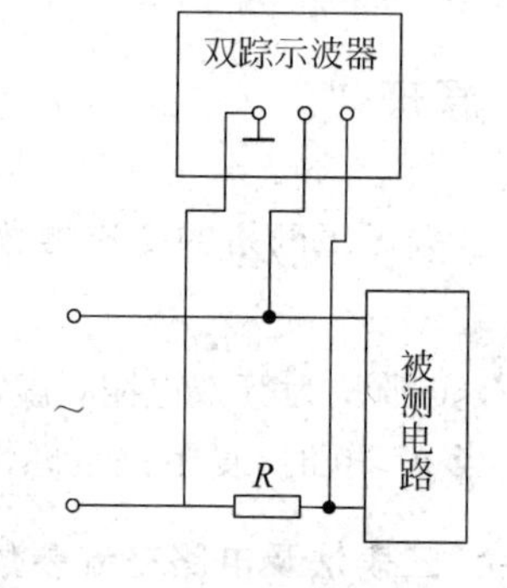

图 2-24-2 用示波器观测电压与电流之间的相位关系

2）并联电容法

按图 2-24-1(a)或图 2-41-1(b)所示测量，用一个小电容与被测电路串联，观测串联电容前后电流表的读数。若串联电容后电流表读数变大，则被测电路呈容性；若电流表读数变小，则被测电路呈感性。

3）用功率因数表或相位表测量

用功率表、相位表等专用仪器直接测量。

三、实验仪器和器材

(1) 白炽灯灯泡。
(2) 日光灯灯管。
(3) 日光灯镇流器。
(4) 日光灯启辉器。
(5) 交流电量仪。
(6) 熔断器。
(7) 电容。
(8) 开关。
(9) 安全导线。

四、实验内容及步骤

本实验所用的交流电量仪可测量交流电压、交流电流、交流有功功率、无功功率、功率因数等参数，电压与电流之间的相位关系可通过有功功率的正、负来判断，因此，用这一块仪表可代替3块普通仪表完成三表法的测量。

1. 测量日光灯的交流参数

测量电路如图2-24-3所示。用多功能功率表直接测量电压U、电流I和有功功率W，将测量值代入式(2-24-3)、式(2-24-4)和式(2-24-5)，计算等效电阻R和等效电抗的大小$|X|$，将测量值和计算值填入表2-24-1中。

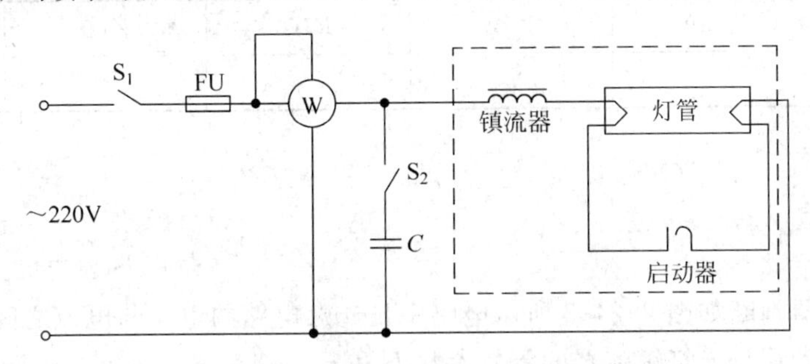

图2-24-3　测量日光灯交流参数电路

表2-24-1　测量、计算日光灯交流参数

U/V	I/mA	W/W	$\|Z\|/\Omega$	R/Ω	$\|X\|/\Omega$

有两种方法判断阻抗性质：

1）根据功率表的读数判断等效电抗X的符号

用功率表测量有功功率时，读数中的符号取决于电压和电流之间的相位，因此通过有功功率的符号可确定电压与电流之间的相位关系。

2）并联电容

闭合图2-24-3中的开关S_2，将1μF的电容C与被测电路并联，根据并联电容前后电流的变化判断电抗X的符号。

根据判断结果及表2-24-1中的数据，按式(2-24-1)的形式写出日光灯电路的复阻抗。

2. 测量未知电路的交流参数

由日光灯镇流器L与3个2μF的电容C_1、C_2、C_3并联，再与两个60W/220V白炽灯灯泡串联，构成实验电路，仍用多功能功率表测量，实验电路如图2-24-4所示。用步骤1的方法测量并计算等效电阻R和等效电抗X的大小，再用任意一种方法判断等效电抗的符号，将实验结果填入表2-24-2中。

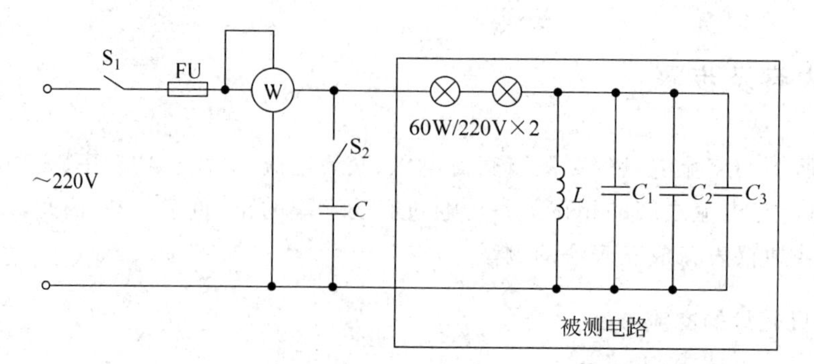

图 2-24-4 测量未知电路交流参数的电路

表 2-24-2 测量、计算未知电路的交流参数

U/V	I/mA	W/W	R/Ω	X/Ω	Z/Ω

五、选做实验

1. 用示波器判断如图 2-24-3 所示电路中日光灯电路的电压与电流之间的相位关系。
2. 测量并计算日光灯镇流器的等效参数 L 和 r。

六、思考题

(1) 在被测元件两端并联小电容,通过电流变化可以判断元件的性质。将小电容换成小电感,能作出类似的判断吗?用相量图说明。

(2) 实验中为什么要用小电容,如果用容量很大的电容会有什么问题?

(3) 比较 3 种判断阻抗性质实验方法的优、缺点。

实验25　电压表法测量交流电路等效参数

测量交流电路等效参数有三表(电压表、电流表、功率表)法、电压表法、示波器法、交流电桥法等,其中电压表法是使用仪器最少的一种方法。本实验用3块电压表同时测量,或用一块电压表测量3次得到交流电路参数。

一、实验目的

(1) 掌握电压表法测量交流电路等效参数的测量方法。

(2) 掌握判定电路等效阻抗性质的方法。

二、原理

将待测电路(或待测元件)Z 与一个已知阻值的电阻 R 串联,用电压表分别测量总电压 U、电阻 R 上的电压 U_R 和待测电路 Z 上的电压 U_Z,测量电路如图2-25-1所示。

1. 参数的测量及计算

用3个电压测量值 U、U_R、U_Z 画出电压相量图,把待测电路上的电压 $\dot{U}_Z$ 分解成与 $\dot{U}_R$ 平行的电压分量 $\dot{U}_{Z1}$ 和与 $\dot{U}_R$ 垂直的电压分量 $\dot{U}_{Z2}$,如图2-25-2所示。

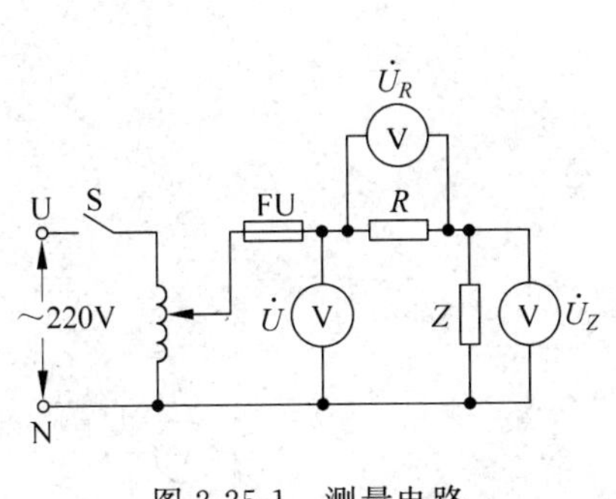

图2-25-1　测量电路

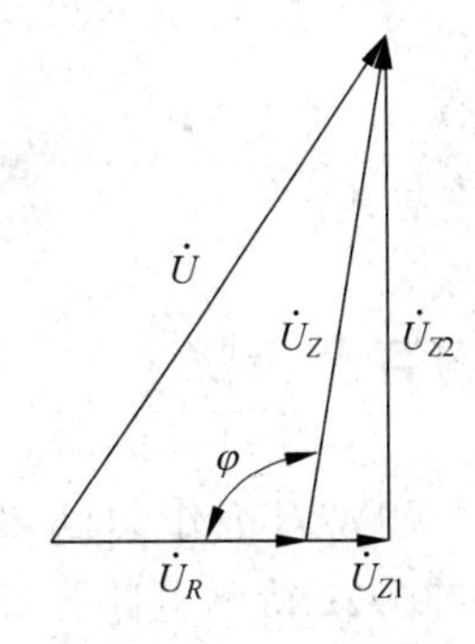

图2-25-2　电压相量图

流过电阻 R 的电流与流过待测电路的电流相等,则有

$$|Z| = \frac{U_Z}{U_R} \cdot R \tag{2-25-1}$$

根据图2-25-2中的几何关系,得到角 φ 与3个电压测量值的关系

$$\cos\varphi = \frac{U^2 - U_R^2 - U_Z^2}{2U_R U_Z} \tag{2-25-2}$$

待测电路的等效电阻为

$$R_Z = -|Z| \cdot \cos\varphi \tag{2-25-3}$$

待测电路的等效电抗为

$$X = |Z| \cdot \sin\varphi \tag{2-25-4}$$

2. 阻抗性质的判定

将一个容量很小的电容 C 并联在待测电路 Z 两端。若并联电容后电路的总电流增加，则待测电路呈容性；若并联电容后电路的总电流减小，则待测电路呈感性；若并联电容后电路的总电流不变，则待测电路呈纯电阻特性。

3. 等效参数计算

若阻抗性质呈容性，则等效电容为

$$C_Z = -\frac{1}{\omega X} \tag{2-25-5}$$

若阻抗性质呈感性，则等效电感为

$$L_Z = \frac{X}{\omega} \tag{2-25-6}$$

三、实验仪器和器材

(1) 自耦调压器。
(2) 万用表。
(3) 实验电路板。
(4) 日光灯镇流器。
(5) 电容。
(6) 220V/60W 灯泡。
(7) 安全导线。

四、实验内容及步骤

用 200V/60W 灯泡作为已知阻值的电阻 R，取 $R \approx 807\Omega$；待测电路为日光灯镇流器 L 与 4μF/400V 电容并联。实验电路如图 2-25-3 所示，其中 C_2 为 1μF/400V 电容。调节自耦调压器，使总电压 U 为 220V。在断开开关 S_2 的情况下分别测量电压 U、U_R、U_Z，按式(2-25-1)～式(2-25-4)计算 $|Z|$、φ、R_Z、X，填入表 2-25-1 中。

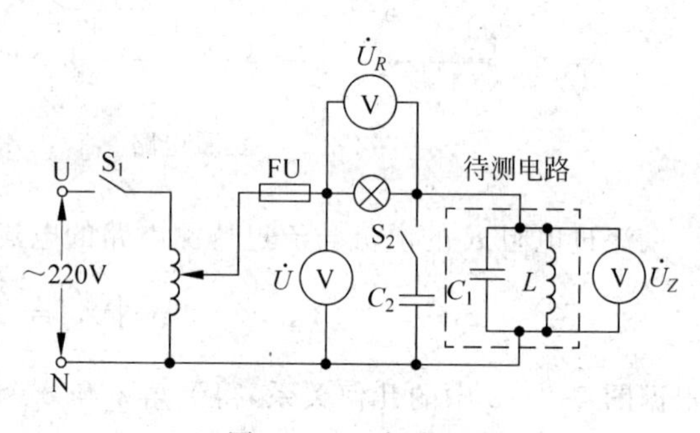

图 2-25-3 实验电路

表 2-25-1　电路等效参数测量及计算

U/V	U_R/V	U_Z/V	$\|Z\|$/Ω	φ/(°)	R_Z/Ω	X/Ω

闭合开关 S_2，观察灯泡亮度变化。若灯泡变亮，则待测电路呈容性；若灯泡变暗，则待测电路呈感性；若灯泡亮度不变，则待测电路呈纯电阻性质。

用上述方法判断待测电路的阻抗性质，并计算等效电感或等效电容的大小。

五、选做实验

用本实验所给方法测量日光灯镇流器的等效参数。

六、思考题

判断阻抗性质时，电容 C_2 能任意选取吗？为什么？

实验 26　功率测量和最大功率传输实验

为了便于研究电路元件耗电问题，引入了瞬时功率、平均功率、有功功率、无功功率、视在功率、功率因数等概念。对于正弦交流电路，为了更方便地研究、分析和计算功率问题，又引入了复功率的概念。

在一些通信电子等系统中，为提高信号的信噪比，通常用到最大功率传输技术。

一、实验目的

(1) 通过实验加深对功率等概念的理解。

(2) 验证最大功率传输理论。

二、原理

1. 基本概念

仅含有电阻、电感、电容元件一端口电路吸收的瞬时功率 p 为其端口电压 u 与流入电流 i 的乘积，即

$$p = u \cdot i \tag{2-26-1}$$

瞬时功率不便于测量，很少使用。通常引用平均功率的概念，平均功率又称有功功率，用 P 表示，其量纲为 W(瓦)。在正弦交流电路中的有功功率为

$$P = U \cdot I \cdot \cos\varphi \tag{2-26-2}$$

其中 φ 是电压与电流之间的相位差。相位差的余弦 $cos\varphi$ 无量纲，称为功率因数，用 λ 表示，即

$$\lambda = \cos\varphi \tag{2-26-3}$$

无功功率 Q 定义为

$$Q = U \cdot I \cdot \sin\varphi \tag{2-26-4}$$

为避免混淆，无功功率的量纲采用 Var(乏)。

定义视在功率 S 为额定电压 U 与额定电流 I 的乘积，即

$$S = U \cdot I \tag{2-26-5}$$

视在功率的量纲为 V · A(伏安)。

定义复功率为

$$\overline{S} = \dot{U} \cdot \dot{I}^{*} = U \cdot I \cdot \cos\varphi + jU \cdot I \cdot \sin\varphi = P + jQ \tag{2-26-6}$$

为便于对比和查阅，将电阻、电感、电容以及 RLC 串联电路的有功功率和无功功率列于表 2-26-1 中。

表 2-26-1　*RLC* 元件的功率

	有功功率 P/W	无功功率 Q/Var
电阻元件	$U \cdot I(=R \cdot I^2)$	0
电感元件	0	$\omega \cdot L \cdot I^2$
电容元件	0	$-\omega \cdot C \cdot U^2$
RLC 串联电路	$U \cdot I \cdot \cos\varphi$	$U \cdot I \cdot \sin\varphi$

2. 最大功率传输

含源一端口电路 N_s 向负载 Z 传输功率。将 N_s 等效为电压源$\dot{U}_{OC}$与阻抗$\dot{Z}_{eq}$的串联电路，如图 2-26-1 所示。

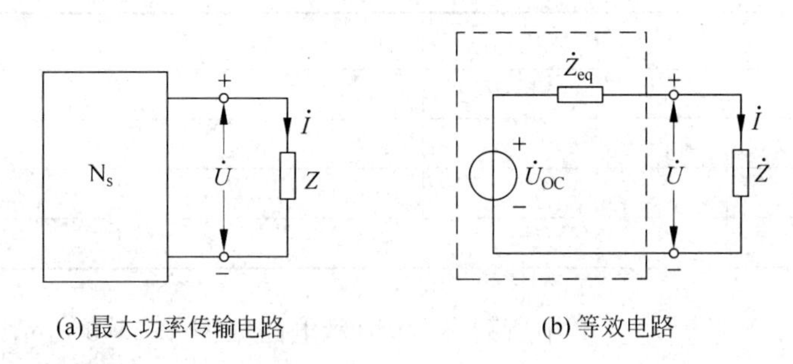

(a) 最大功率传输电路　(b) 等效电路

图 2-26-1　最大功率传输

设$\dot{Z}=R+\mathrm{j}X$，$\dot{Z}_{eq}=R_{eq}+\mathrm{j}X_{eq}$，则根据定义，负载吸收的有功功率为

$$P=\frac{U_{OC}^2R}{(R+R_{eq})^2+(X+X_{eq})^2} \tag{2-26-7}$$

负载获得的最大功率为

$$P_{max}=\frac{U_{OC}^2}{4R_{eq}} \tag{2-26-8}$$

其中获得最大功率的条件为

$$\begin{cases} X=-X_{eq} \\ R=R_{eq} \end{cases} \tag{2-26-9}$$

三、实验仪器和器材

(1) 交、直流电压/电流表。
(2) 交流电量仪。
(3) 电容。
(4) 日光灯镇流器。
(5) 60W/220V 白炽灯灯泡。
(6) 安全导线。

四、实验内容及步骤

1. 正弦交流电路中相关参数的测量

两个 60W/220V 灯泡串联构成的电阻 R、日光灯镇流器作为电感 L 与 2μF/400V 电容 C 组成 RLC 串联实验电路，用 220V/50Hz 单相交流电供电，如图 2-26-2 所示。计算各元件以及 RLC 串联电路的有功功率、无功功率和功率因数，并将计算结果填入表 2-26-2 中。

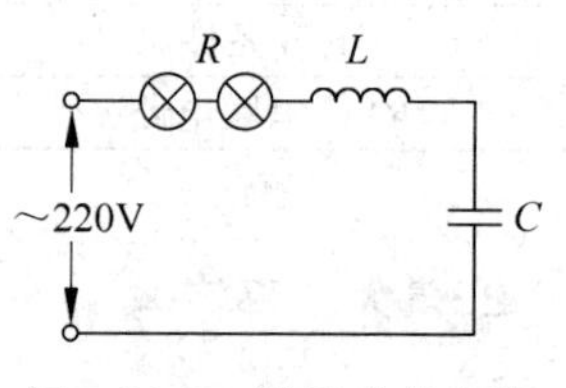

图 2-26-2 测量功率电路

表 2-26-2 理论计算

	P/W	S/Var	λ
电阻 R			
电感 L			
电容 C			
RLC 串联电路			

用交流电量仪测量表 2-26-2 中所列参数，测量电路如图 2-26-3 所示。实测数据填入表 2-26-3，并将表 2-26-3 中的数据与表 2-26-2 中相应的数据进行比较，分析产生误差的原因。

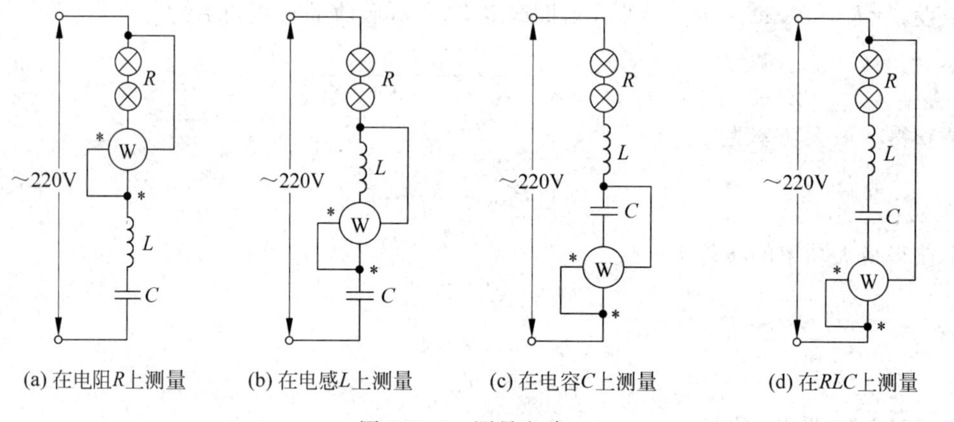

图 2-26-3 测量电路

表 2-26-3 测量数据

	P/W	S/Var	λ
电阻 R			
电感 L			
电容 C			
RLC 串联电路			

2. 验证最大功率传输公式

将函数信号发生器的输出设置为频率 1kHz，峰峰值 5V 的正弦电压信号，接入如图 2-26-4 所示的电路中，按表 2-26-4 中的阻值调整电阻箱 R_L，验证最大功率传输公式。

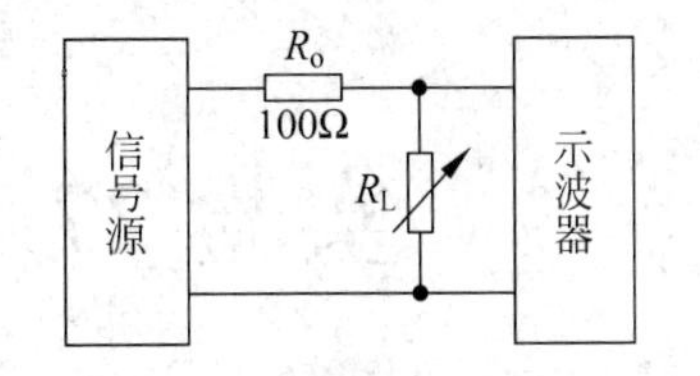

图 2-26-4 最大功率传输公式验证实验的电路

表 2-26-4 最大功率传输公式验证

R_L/Ω	50	60	70	80	90	100	110	120	130	140	150
U_L/V											
P/mW											

五、选做实验

实验电路如图 2-26-5 所示，其中 T 为调压器，D 为 4 个型号相同的半导体二极管组成的全波整流桥，负载由两个 220V/60W 灯泡串联。用交、直流电压/电流表测量负载的有功功率。

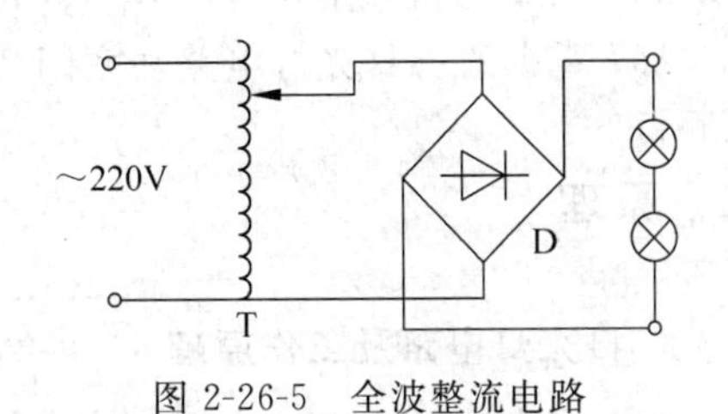

图 2-26-5 全波整流电路

六、思考题

选做实验中测量负载功率时，直接用电流线圈带互感器的功率表测量会引起测量误差吗？为什么？

实验 27　改善功率因数实验

日光灯是目前最普及的光源之一。日光灯属于电感性负载，功率因数小于 1。研究提高日光灯功率因数的方法具有现实意义。本实验用并联电容的方法提高日光灯的功率因数。

一、实验目的

（1）学习并掌握日光灯电路的工作原理，熟悉电路连接方法。

（2）测量电路功率，掌握功率表的使用方法。

（3）掌握改善日光灯电路功率因数的方法。

二、原理

1. 日光灯电路及工作原理

日光灯电路由日光灯管、镇流器、启辉器等元件组成，如图 2-27-1 所示。

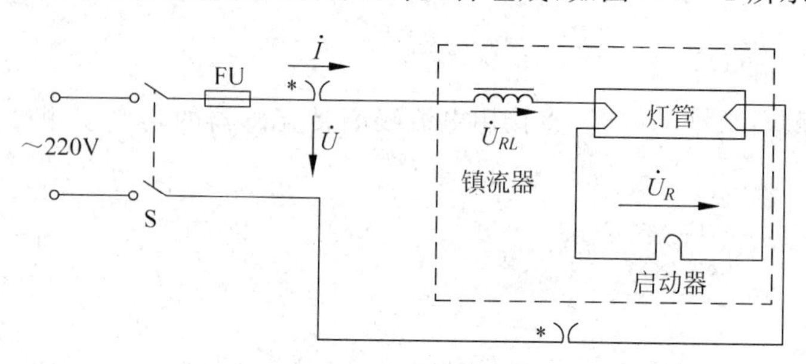

图 2-27-1　日光灯电路

灯管两端的内部各有一段灯丝，两段灯丝之间没有导线连接。灯管内充有惰性气体及少量水银，一部分水银蒸发成气态。管壁涂有荧光粉。两段灯丝之间加高压电时，管内产生弧光放电，水银蒸气受激发，辐射大量紫外线，管壁上的荧光粉在紫外线的激发下，辐射出可见光。

点亮日光灯管必须满足两个条件：①预热灯丝，使灯丝发射热电子；②在两段灯丝之间加一个较高的电压，击穿灯管内的气体。因此，普通日光灯管不能直接接在 220V 电源上使用。

启辉器有两个电极，一个是双金属片，另一个是固定片（静片）。两极之间并联一个小容量电容器，一定数值的电压加在启辉器两端时，启辉器就会产生辉光放电，使双金属片因放电而受热伸直，并与静片接触，接触后，启辉器停止放电，双金属片冷却，与静片自动分开。

镇流器是一个带铁心的电感线圈。

电源接通时，电压同时加到灯管两端和启辉器的两个电极上，对于灯管来说，因电压低不能放电，但对于启辉器，此电压则可以起辉、发热，并使双金属片伸直与静片接触。于是有电流流过镇流器、灯丝和启辉器。这样灯丝得到预热并发射电子，经1～3s后，启辉器因双金属片冷却，使动片与静片分开。由于电路中的电流突然中断，便在镇流器两端产生一个瞬时高电压，此电压与电源电压叠加后加在灯管两端，将管内气体击穿而产生弧光放电。灯管点燃后，由于镇流器的作用，灯管两端的电压比电源电压低得很多，一般在50～100V。此电压已不足以使启辉器放电，故双金属片不会再与静片闭合，启辉器在电路中的作用相当于一个自动开关。镇流器在灯管启动时产生高压，具有启动前预热灯丝及启动后对灯管限流的作用。

日光灯电路实质上是一个电阻与电感的串联电路。

2. 提高功率因数的方法

在正弦交流电路中，只有纯电阻电路的平均功率 P 和视在功率 S 是相等的。只要电路中含有电抗元件并处在非谐振状态，平均功率总是小于视在功率。平均功率与视在功率之比称为功率因数，即

$$\lambda = \frac{P}{S} = \frac{UI\cos\varphi}{UI} = \cos\varphi$$

功率因数是电路阻抗角 φ 的余弦值，电路中的阻抗角越大，功率因数越低；反之，电路阻抗角越小，功率因数越高。

功率因数的高低反映了电源容量被利用的效率。负载的功率因数低，会使电源容量不能被充分利用；同时，无功电流在输电线路中造成损耗，影响整个输电网络的效率。因此，提高功率因数成为电力系统中需要研究的一个重要课题。

在实际电路中，有很多感性负载，通常用电容补偿法提高功率因数，即在负载两端并联补偿电容器。当电容器的电容量 C 选择合适时，可将功率因数提高到1。

日光灯电路中，灯管与一个带有铁心的电感线圈串联，由于电感量较大，整个电路的功率因数是比较低的，在灯管与镇流器串联后的两端并联电容器，实现提高功率因数的目的。

三、实验仪器和器材

(1) 三相空气开关。

(2) 熔断器。

(3) 日光灯电路板。

(4) 补偿电容。

(5) 单相电量仪。

(6) 单相熔断器。

(7) 安全导线。

四、实验内容和步骤

(1) 连接日光灯电路，实验电路如图2-27-1所示。

(2) 检查无误后接通电源，观察日光灯的启动过程。

(3) 测定日光灯电路的端电压 U，灯管两端电压 U_R、镇流器两端电压 U_{RL}、日光灯电路的总电流 I、总功率 P、灯管功率 P_R、镇流器功率 P_{RL}，计算日光灯的功率因数 $\cos\varphi$。将实验数据填入表 2-27-1 中。

表 2-27-1 并联电容前的日光灯电路参数

U/V	U_R/V	U_{RL}/V	I/mA	P/W	P_R/W	P_{RL}/W	$\cos\varphi$

(4) 在日光灯电路两端并联电容，实验电路如图 2-27-2 所示。逐渐加大电容量，每改变一次电容量，都要测量端电压 U、总电流 I、日光灯电流 I_{RL}，电容电流 I_C 及总功率 P，记录于表 2-27-2 中。

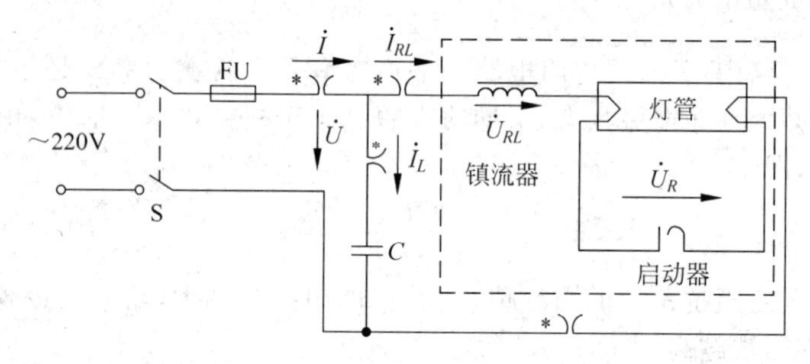

图 2-27-2 改善功率因数的日光灯电路

表 2-27-2 并联电容后的日光灯电路参数

电容	测量数据					计算
C/μF	U/V	I/mA	I_{RL}/mA	I_C/mA	P/W	$\cos\varphi$
1						
2						
3						
4						
5						
6						

(5) 根据表 2-27-2 中的数据确定补偿电容的数值。

五、选做实验

通过自耦调压器给日光灯供电，改变供电电压，电压调节范围为 180～240V，观测日光灯功率与供电电压的关系。

六、思考题

(1) 在日光灯上并联电容可以提高功率因数，如何选择电容？
(2) 能否将两个 20W 的日光灯管并联后接在同一个 40W 的镇流器上工作？

实验 28　串联谐振电路实验

串联谐振电路作为一种使用元件少、结构简单、性能好的无源带通选频电路，广泛应用于电子、通信等领域。

一、实验目的

(1) 测量 RLC 串联电路的谐振曲线，通过实验进一步掌握串联谐振的条件和特点。

(2) 研究电路参数对谐振特性的影响。

二、实验原理

在图 2-28-1 所示的 RLC 串联电路中，若取电阻 R 两端的电压为输出电压，则该电路输出电压$\dot{U}_2$ 与输入电压$\dot{U}_1$ 之比为

$$\frac{\dot{U}_2}{\dot{U}_1}=\frac{R}{R+\mathrm{j}\left(\omega L-\frac{1}{\omega C}\right)}=\frac{R}{\sqrt{R^2+\left(\omega L-\frac{1}{\omega C}\right)^2}}\angle\arctan\frac{\omega L-\frac{1}{\omega C}}{R}\tag{2-28-1}$$

由式(2-28-1)可知，在元件参数不变的情况下，输出电压$\dot{U}_2$ 与输入电压$\dot{U}_1$ 之比是角频率 ω 的函数。对于某一角频率 ω_0，有 $\omega_0 L=\frac{1}{\omega_0 C}$，输出电压与输入电压之比等于 1，电阻 R 上的电压等于输入电源电压，达到最大值；在 ω_0 两侧，不论 ω 升高或降低，上述两个电压的振幅比 $\left|\frac{\dot{U}_2}{\dot{U}_1}\right|$ 都会下降，当 ω 很高时或 ω 很低时，输出电压与输入电压的振幅比 $\left|\frac{\dot{U}_2}{\dot{U}_1}\right|$ 都将趋于零，人们把具有这种性质的函数称为带通函数，该网络称为二阶带通网络。

电路网络输出电压与输入电压的振幅比随 ω 变化的性质，称为该网络的幅频特性，二阶带通网络的幅频特性如图 2-28-2 所示。出现尖峰的频率 f_0 称为中心频率或谐振频率。此时，电路的电抗为零，阻抗值最小，等于电路中的电阻，电路成为纯电阻性电路，串联电路中的电流达到最大值，电流与输入电压同相位。人们把电路的这种工作状态称为串联谐振状态。电路达到谐振状态的条件是

$$\omega_0 L=\frac{1}{\omega_0 C}\text{ 或 }\omega_0=\frac{1}{\sqrt{LC}}\tag{2-28-2}$$

改变角频率 ω 时，振幅比随之变化，当振幅比下降到最大值的 $\frac{1}{\sqrt{2}}$(＝0.707)倍时，对应的两个角频率 ω_1、ω_2 叫做 3dB 角频率，相应的两个频率 f_1 和 f_2 称为 3dB 频率。两个角频率之差称为该网络的通频带宽

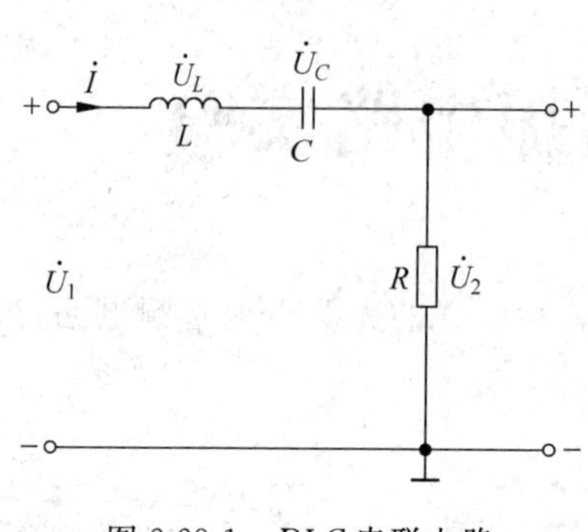

图 2-28-1 *RLC* 串联电路

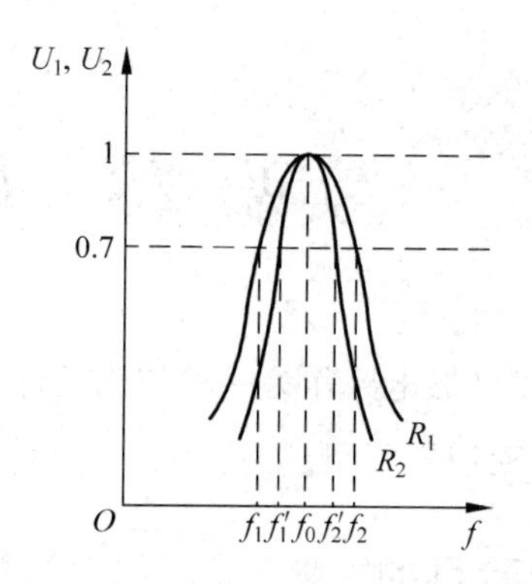

图 2-28-2 串联电路的幅频特性

$$\mathrm{BW} = \omega_2 - \omega_1$$

理论上可以推出通频带宽

$$\mathrm{BW} = \omega_2 - \omega_1 = \frac{R}{L} \tag{2-28-3}$$

由式(2-28-3)可知,网络的通频带取决于电路的参数。

RLC 串联电路幅频特性可以用品质因数 Q 来描述,Q 的定义为

$$Q = \frac{\omega_0}{\mathrm{BW}} = \frac{\omega_0 L}{R} = \frac{1}{\omega_0 CR} \tag{2-28-4}$$

式(2-28-4)表明,品质因数 Q 是由电路的参数决定的。当电感 L 和电容 C 一定时,品质因数 Q 与电阻 R 成反比,通频带宽 BW 与电阻 R 成正比。如图 3-28-2 所示,两个串联谐振电路,电容、电感分别相同,第一个电路中的电阻为 R_1,第二个电路中的电阻为 R_2,且 $R_1 > R_2$,当电路发生串联谐振时,感抗等于容抗,阻抗等于电阻阻值,第一个电路的两个 3dB 角频率为 ω_1 和 ω_2,带宽为 BW_1,第二个电路的两个 3dB 角频率为 ω_1' 和 ω_2',带宽为 BW_2,则

$$\mathrm{BW}_1 = \omega_2 - \omega_1 = \frac{R_1}{L}$$

$$\mathrm{BW}_2 = \omega_2' - \omega_1' = \frac{R_2}{L}$$

因为

$$R_1 > R_2$$

所以

$$\mathrm{BW}_1 > \mathrm{BW}_2$$

当 $X_L = X_C > R$ 时,$U_L = U_C \gg U_1$。即电感和电容两端电压将远远高于电源输入电压。串联谐振电路的这一特点,在电子、通信电路中得到广泛的应用,而在电力系统中则必须设法避免由此造成对电力设施的破坏。

三、实验仪器和器材

(1) 函数信号发生器。

(2) 示波器。

(3) 电阻。
(4) 电感。
(5) 电容。
(6) 实验电路板。
(7) 短接桥。
(8) 导线。

四、实验内容及步骤

1. 连接实验电路

在实验电路板上组成如图 2-28-3 所示电路。取图中的电感 $L=33\text{mH}$，电容 $C=0.01\mu\text{F}$，电阻 R 取 620Ω，图中 r 为电感线圈本身的电阻。

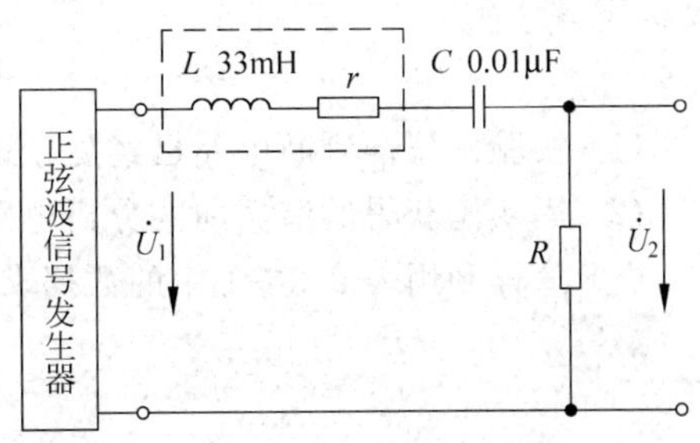

图 2-28-3　RLC 串联电路

2. 测绘谐振曲线

调节函数信号发生器，使输出信号为电压峰峰值 $U_1=3\text{V}$ 的正弦波，接入电路，调节频率，用示波器观察输出电压 U_2 的变化规律，找到使 U_2 达到最大值的频率，此频率就是使电路达到谐振状态的谐振频率 f_0。将此频率和测量值 U_2 及 U_C 一起填入表 2-28-1 的中间部分，然后在谐振频率之下和谐振频率之上分别选 4 个测量点，将测量的频率值和相应的电压值填入表 2-28-1 中。注意在每次调节频率之后，都需要示波器用测量信号发生器的输出电压，如电压发生变化，则应将信号发生器的实际输出电压调整到原值（$U_1=3\text{V}$），否则会影响实验结果的准确性。

表 2-28-1　测量谐振曲线（$R=620\Omega$）

频率 f/kHz									
U_2/V									
U_C/V									
U_L/V									

3. 研究电路参数对谐振曲线的影响

将图 2-28-3 中的电阻改为 $1.3\text{k}\Omega$，重复上述测量步骤，并把所测量的数据填入表 2-28-2 中。

表 2-28-2　测量谐振曲线（$R=1.3\text{k}\Omega$）

频率 f/kHz									
U_2/V									
U_C/V									
U_L/V									

分析与讨论

(1) 根据表 2-28-1 和表 2-28-2 中的数据绘制 *RLC* 串联电路的谐振曲线，并用谐振曲线确定的参数按式(2-28-3)、式(2-28-4)计算通频带 BW 和品质因数 Q。

(2) 根据式(2-28-2)确定谐振(角)频率 ω_0，计算实验电路的通频带 BW 和品质因数 Q 的理论值，并与实际测量值相比较，分析产生误差的原因。

五、选做内容

(1) 改变电容，研究电容对谐振曲线的影响。

(2) 改变电感，研究电感对谐振曲线的影响。

六、思考题

(1) 实验中怎样判断电路已经处于谐振状态？

(2) 用实验获得的谐振曲线分析电路参数对谐振曲线的影响。

(3) 怎样利用表 2-28-1 中的数据求得电路的品质因数 Q ？

实验29　并联谐振电路实验

本实验研究 GLC 并联谐振电路，这种电路与 RLC 谐振电路具有对偶性，研究方法与串联谐振电路实验相似。

一、实验目的

（1）测量 GLC 并联谐振电路的谐振曲线，了解并联谐振的特点。

（2）研究并联谐振电路带宽与品质因数的关系。

二、原理

由电导 G、电感 L 和电容 C 组成的 GLC 并联电路如图 2-29-1 所示，并联电路的输入导纳为 $Y(\mathrm{j}\omega)=G+\mathrm{j}\left(\omega C-\dfrac{1}{\omega L}\right)$，当电压 $\dot{U}$ 与电流 I 同相时，电路处于谐振状态，此时的角频率记为 ω_0，并联谐振条件为

$$\mathrm{Im}[Y(\mathrm{j}\omega_0)]=0$$

即

$$\omega_0=\sqrt{\frac{1}{LC}} \tag{2-29-1}$$

谐振电压达到最大，电压值为

$$U(\omega_0)=|Z(\mathrm{j}\omega_0)|\cdot I_{\mathrm{S}}=\frac{1}{G}\cdot I_{\mathrm{S}} \tag{2-29-2}$$

其中 I_{S} 为信号源的输出电流。

因此，实验中可根据电压是否达到最大来判断电路状态。

改变信号源的频率 f 或角频率 ω，电压 $\dot{U}$ 的振幅 U 就会发生变化，谐振曲线如图 2-29-2 所示。当 U 下降到最大值（谐振电压）的 $\dfrac{1}{\sqrt{2}}$ 时，对应两个角频率分别为 ω_1 和 ω_2（相应的频率为 f_1 和 f_2），令 $\omega_2>\omega_1$，则这两个角频率之差称为该谐振电路的带宽，为

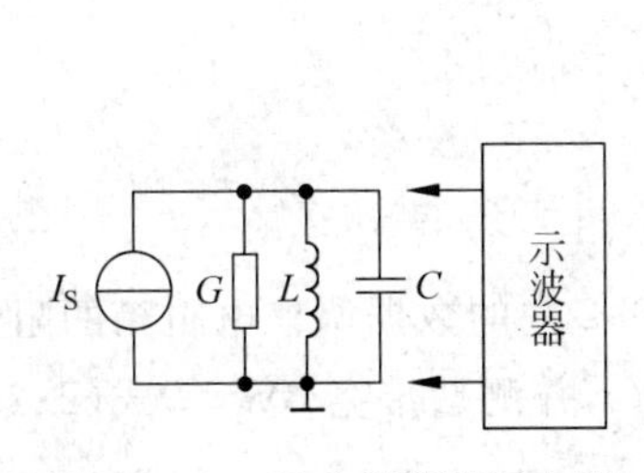

图 2-29-1　GLC 并联谐振电路

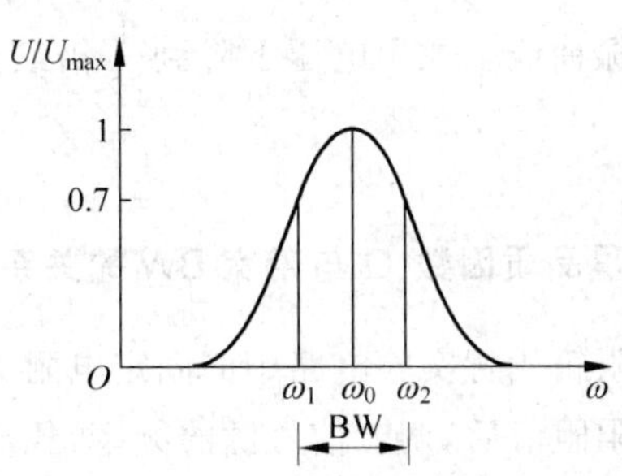

图 2-29-2　谐振曲线

$$BW=\omega_2-\omega_1=2\pi(f_2-f_1) \tag{2-29-3}$$

GLC 并联电路的品质因数为

$$Q=\frac{1}{G}\sqrt{\frac{C}{L}} \tag{2-29-4}$$

Q 值越大，带宽越窄。

三、实验仪器和器材

(1) 函数信号发生器。

(2) 示波器。

(3) 实验电路板。

(4) 电阻。

(5) 电感。

(6) 电容。

(7) 导线。

四、实验内容及步骤

1. 测量并绘制谐振曲线

取 $R=620\Omega$，$L=10\text{mH}$，$C=1\mu\text{F}$，按图 2-29-3 所示接线，将函数信号发生器的输出信号调至 $U_{pp}=6\text{V}$ 的正弦波。

调节信号源的输出频率 f，以电压 U 达到最大作为判断标准，确定谐振频率 f_0。调节信号源的输出频率，在谐振频率两侧各取 4 个适当的频率，将测量值填入表 2-29-1 中，绘制谐振曲线。

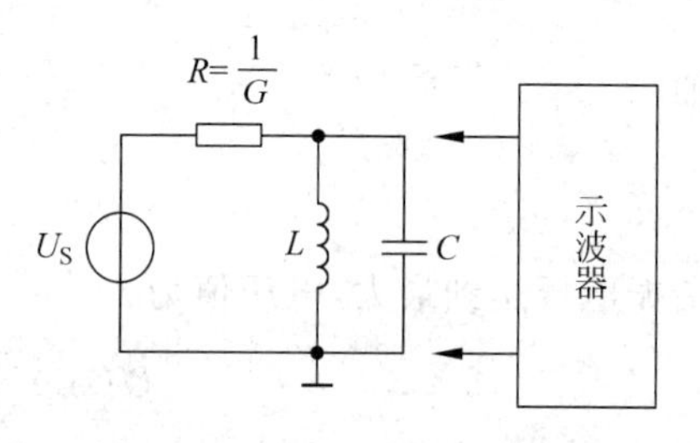

图 2-29-3 并联谐振实验电路

表 2-29-1 并联谐振曲线测量

f/kHz									
U_{pp}/V									

在谐振曲线上找出电压下降到 $\frac{1}{\sqrt{2}}$ 倍最大值的两个频率 f_1 和 f_2，代入式(2-29-3)计算带宽 BW。

2. 测量品质因数 Q 与带宽 BW 的关系

用电阻箱代替实验电路中的固定电阻 R，按表 2-29-2 中的数据调整电阻箱的阻值。每次改变电阻阻值后，调节信号源的频率，找出谐振频率 f_0，并测量带宽 BW，按式(2-29-4)计算品质因数 Q，将测量和计算结果填入表 2-29-2 中。

表 2-29-2　测量品质因数与带宽的关系

R/Ω	100	500	1k	1.5k	2k
f_0/kHz					
U_{max}/V					
f_1/kHz					
f_2/kHz					
BW					
Q					

以品质因数 Q 为横轴，带宽 BW 为纵轴，绘制带宽随品质因数变化的曲线。

五、选做实验

将函数信号发生器设置成扫频工作方式，从示波器上直接显示谐振曲线，重新测量本实验的数据，与前面的数据对比，分析产生测量误差的主要原因。

六、思考题

(1) 实际电路与理想 GLC 并联谐振电路模型由什么不同?

(2) 哪些因素会使测量数据产生误差? 误差属于哪一类?

实验 30　互感电路实验

互感器在电路中起隔断直流的作用，能有效防止意外高压电平对电路造成永久性的损坏。设计或使用互感器需要了解两个互感线圈的同名端和两个互感线圈之间的互感系数。本实验研究判断同名端和测量互感系数的方法。

一、实验目的

（1）掌握测定互感线圈同名端的方法。

（2）学习测量两个线圈之间互感系数 M 的方法。

二、原理

1. 互感电路同名端的测定方法

1）直流测定法

如图 2-30-1 所示，将线圈 11′与直流电源 E 相接，线圈 22′与直流电流表相接，在开关 S 闭合瞬间，线圈 11′和线圈 22′分别产生感生电动势 e_{L1} 和 e_{M2}。因为 $\frac{di_1}{dt}>0$，故 $e_{L1}=-L_1\frac{di_1}{dt}<0$，$e_{L1}$ 的实际方向与参考方向相反，即“1”端为 e_{L1} 的“＋”极，“1′”端为 e_{L1} 的“－”极。如果此时与线圈 22′串联的电流表正向偏转，则线圈 22′与电流表正极连接的一端与线圈 11′的“1”端是同名端；若电流表反向偏转，则线圈 22′与电流表负极连接的一端与线圈 11′的“1”端是同名端。

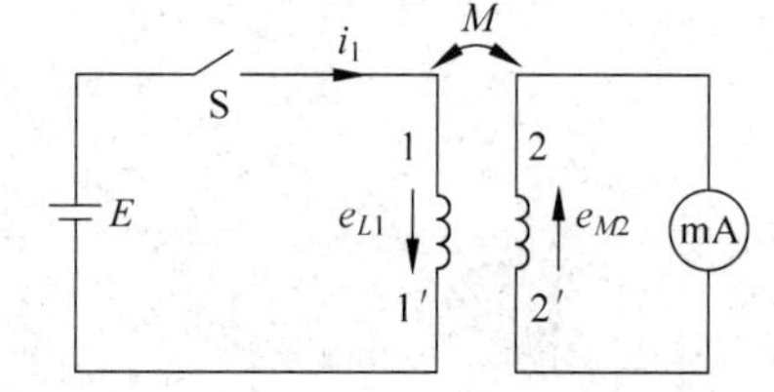

图 2-30-1　用直流测定法判断互感线圈的同名端

2）交流测定法

① 用电流表测定。

将两个线圈及电流表串联后再接交流电源，测量电路如图 2-30-2(a)所示，此时电流表读数为 I_1；将其中一个线圈反接，如图 2-30-2(b)所示，电流表读数为 I_1'。若 $I_1>I_1'$，则第一次连接的两端是同名端，两个线圈为反向串联；若 $I_1<I_1'$，则第二次连接的两端是同名端，两个线圈为正向串联。

② 用电压表测定。

在线圈 11′上加交流电压 $U_{11'}$，并将线圈 11′的“1′”端与线圈 22′的“2′”端连接，如图 2-30-3 所示。用电压表测量另外两端之间的电压 U_{12}。若 $U_{12}>U_{11'}$，则所连接的两端是异名端；若 $U_{12}<U_{11'}$，则所连接的两端是同名端。

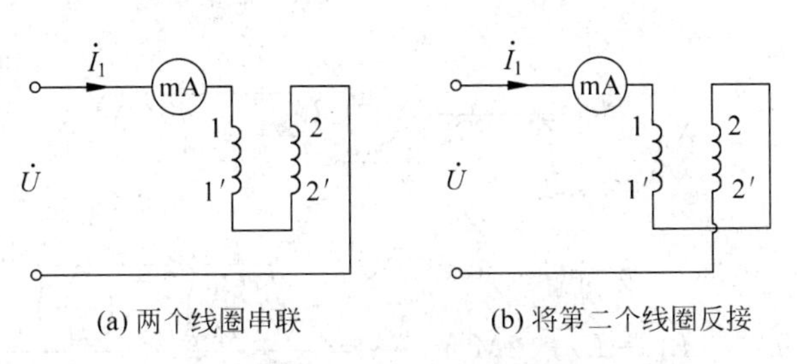

图 2-30-2　用电流表法判断线圈的同名端

2. 测定互感系数 M

1）三表法

① 将两个线圈正向串联(异名端连接)，实验电路如图 2-30-4 所示。

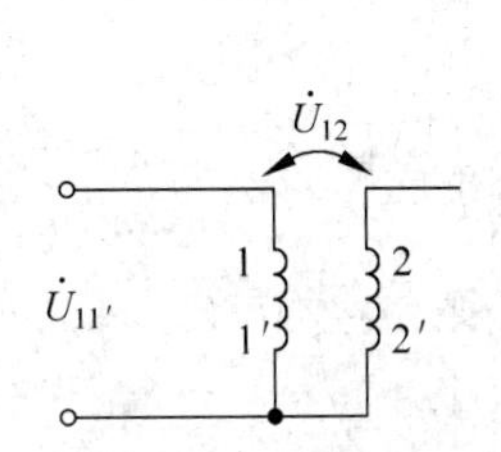

图 2-30-3　用电压表法判断线圈的同名端

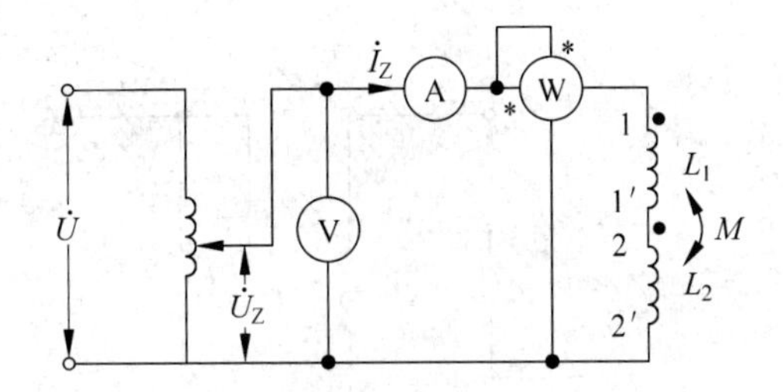

图 2-30-4　互感系数的测定(正向串联)

两个线圈正向串联的等效阻抗为

$$Z_Z = \sqrt{X_Z^2 + R_Z^2} = \frac{U_Z}{I_Z}$$

其中等效电阻为

$$R_Z = \frac{P_Z}{I_Z^2}$$

等效电抗为

$$X_Z = \sqrt{Z_Z^2 - R_Z^2} = \sqrt{\left(\frac{U_Z}{I_Z}\right)^2 - \left(\frac{P_Z}{I_Z^2}\right)^2}$$

故等效电感为

$$L_Z = L_1 + L_2 + 2M = \frac{X_Z}{\omega} = \frac{\sqrt{\left(\frac{U_Z}{I_Z}\right)^2 - \left(\frac{P_Z}{I_Z^2}\right)^2}}{\omega} \tag{2-30-1}$$

② 将两个线圈反向串联(同名端连接)，实验电路如图 2-30-5 所示。

两个线圈反向串联的等效阻抗为

$$Z_F = \sqrt{X_F^2 + R_F^2} = \frac{U_F}{I_F}$$

其中等效电阻为

$$R_F = \frac{P_F}{I_F^2}$$

等效电抗为

$$X_F = \sqrt{Z_F^2 - R_F^2} = \sqrt{\left(\frac{U_F}{I_F}\right)^2 - \left(\frac{P_F}{I_F^2}\right)^2}$$

故等效电感为

$$L_F = L_1 + L_2 - 2M = \frac{X_F}{\omega} = \frac{\sqrt{\left(\frac{U_F}{I_F}\right)^2 - \left(\frac{P_F}{I_F^2}\right)^2}}{\omega} \tag{2-30-2}$$

于是由式(2-30-1)和式(2-30-2)得到

$$L_Z - L_F = (L_1 + L_2 + 2M) - (L_1 + L_2 - 2M) = 4M$$

即

$$M = \frac{1}{4}(L_Z - L_F) \tag{2-30-3}$$

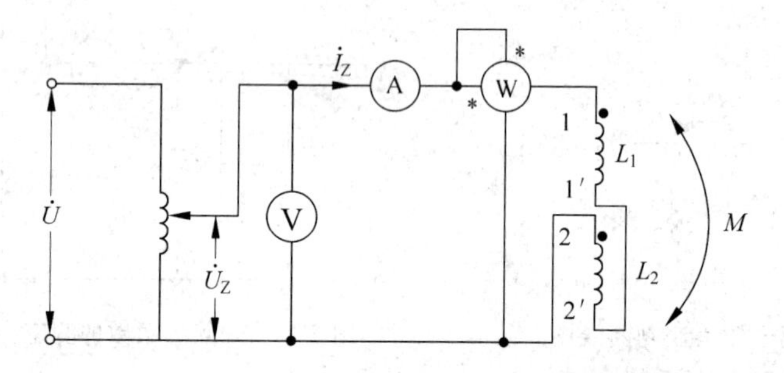

图 2-30-5 互感系数的测定(反向串联)

2）伏安法

第一个线圈通入正弦交流电流$\dot{I}_1$时，在第二个线圈中将感应出电动势E_2，测量第二个线圈的开路电压$\dot{U}_2$，根据$E_2=\omega MI_1$可计算出互感系数M，即

$$M = \frac{|\dot{U}_2|}{\omega \cdot |\dot{I}_1|} \tag{2-30-4}$$

三、实验仪器和器材

(1) 直流稳压电源。
(2) 互感线圈。
(3) 单相调压器。
(4) 单相电量仪。
(5) 按钮开关(用常开开关)。
(6) 单相变压器。
(7) 安全导线。

四、实验内容及步骤

1. 直流测定法

按图 2-30-1 接线，取 $E=2V$，观察开关 S 闭合瞬间电流表显示读数的符号或指针偏转方向，判断线圈的同名端。

2. 交流测定法

1）用电流表测量

按图 2-30-2 接线，输入端电压取自单相调压器的输出端口，$U=36V$。将两个线圈分别按正向和反向串联，用电流表测量电流值 I_1 和 I_1'，根据这两个电流值的大小关系判断两个线圈的同名端，并与直流测定法得到的结果进行比较。

2）用电压表测量

按图 2-30-3 接线，$U_{11'}=36V$，取自单相调压器，测量 U_{12} 的值，根据两个电压的大小关系判断同名端，并与前面的判断结果进行比较。

3. 测量互感系数

1）三表法

按图 2-30-4 接线，取 $U_Z=110V$（取自单相调压器），测量 I_Z 和 P_Z，填入表 2-30-1 中，并将测量值代入式(2-30-1)，计算 L_Z。

表 2-30-1　互感系数测定(正向串联)

U_Z/V	I_Z/mA	P_Z/W	X_Z/Ω	L_Z/mH
110				

按图 2-30-5 接线，取 $U_F=110V$（取自单相调压器），测量 I_F 和 P_F，填入表 2-30-2 中，并将测量值代入式(2-30-2)，计算 L_F。

表 2-30-2　互感系数测定(反向串联)

U_F/V	I_F/mA	P_F/W	X_F/Ω	L_F/mH
220				

将 L_Z 和 L_F 代入式(2-30-3)，计算两个线圈的互感系数 M。

2）伏安法

将自耦调压器的输出电压调至 36V，接到变压器 1-1′端，用电流表测量流过线圈 1-1′的电流 I_1，用电压表直接测量线圈 2-2′的开路电压 U_2，并根据式(2-30-4)计算互感系数 M，填入表 2-30-3 中。

表 2-30-3　伏安法测定互感系数

I_1/mA	U_2/V	M/H

五、选做实验

用本实验所学的方法判断未知参数的单相变压器线圈的同名端,并测量单相变压器初级线圈与次级线圈之间的互感系数。

六、思考题

(1) 用直流测定法判断线圈同名端时,为什么只观察闭合开关瞬间电流表显示读数的方向?

(2) 互感系数与交流信号的频率 f 有怎样的函数关系?

实验 31　单相变压器实验

单相变压器在升压、降压、阻抗变换、信号耦合、隔离直流等电路中起重要作用。本实验研究单相变压器的特性参数及测定方法。

一、实验目的

(1) 巩固判别绕组端点同名端的方法。

(2) 测定变压器空载特性，并通过空载特性曲线判定磁路的工作状态。

(3) 测定变压器的外特性。

(4) 学习通过变压器短路实验测量变压器铜损的方法。

二、原理

1. 判定变压器绕组的同名端

用交流电压表法判定单相变压器原、副边绕组的同名端。如图 2-31-1 所示，两个绕组各选一个端点，如图中的端点 2 与端点 4，用导线将这两个端点短接，在端点 1 和端点 2 之间加正弦交流电压 U_{12}，用电压表测量端点 1 与端点 3 之间的电压 U_{13}、端点 3 与端点 4 之间的电压 U_{34}。若测量结果为 $U_{13}=U_{12}+U_{34}$，则可判定端点 2 和端点 4 是异名端相连；若 $U_{13}=U_{12}-U_{34}$，则可判定端点 2 和端点 4 是同名端相连。

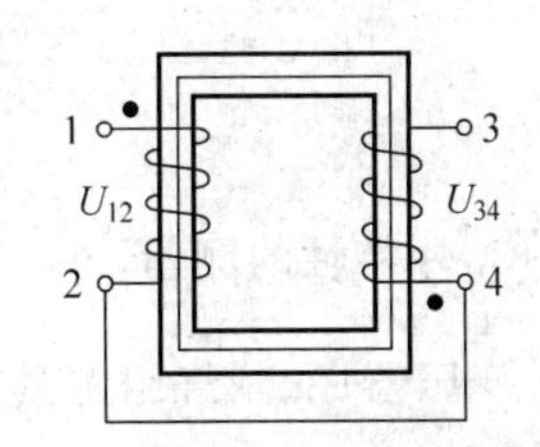

图 2-31-1　变压器绕组同名端的判断方法

2. 空载特性

在变压器原边加额定电压，副边开路的工作状态称为变压器空载状态。变压器在空载状态下的原边电流称为空载电流 I_0，变压器消耗的功率 P_0 称为空载损耗，性能良好的变压器在正常情况下的空载电流很小，$I_0\approx 5-12\% I_e$，其中 I_e 为变压器(原边)额定工作电流，空载损耗为

$$P_0 = P_{Cu0} + P_{Fe} = I_0^2 R_1 + P_{Fe} \approx P_{Fe} \tag{2-31-1}$$

其中，P_{Cu0} 为变压器空载时的铜损；

P_{Fe} 为变压器的铁心损耗；

R_1 为变压器空载时的原边线圈电阻。

由于 I_0 和 R_1 都非常小，可以认为空载损耗 P_0 就是铁心损耗 P_{Fe}。

铁心损耗也称铁损，包括涡流损耗和磁滞损耗。

变压器的变比 k 定义为空载时原边电压 U_1 与副边电压 U_{20} 之比

$$k=\frac{U_1}{U_{20}} \tag{2-31-2}$$

变压器空载时,原边电压 U_1 与空载电流 I_0 的关系是 $I_0=f_1(U_1)$,称为空载特性曲线,如图 2-31-2 所示。空载特性曲线可以反映变压器磁路的工作状态。磁路的最佳状态是当空载电压等于额定电压时,工作点位于空载特性曲线接近饱和而有没有达到饱和状态,如图中的 A 点所示。如果工作点偏低,如图中的 B 点,空载电流很小,说明磁路远离饱和状态,设计的变压器体积过大,应适当减少铁心截面的面积,或适当减少线圈匝数;如果工作点偏高,如图中的 C 点,空载电流太大,则说明磁路已经达到饱和状态,变压器工作时将产生过多的热量,温度超标,使变压器寿命缩短,严重时会烧毁变压器,此时必须增大铁心截面的面积,或增加绕组的匝数。

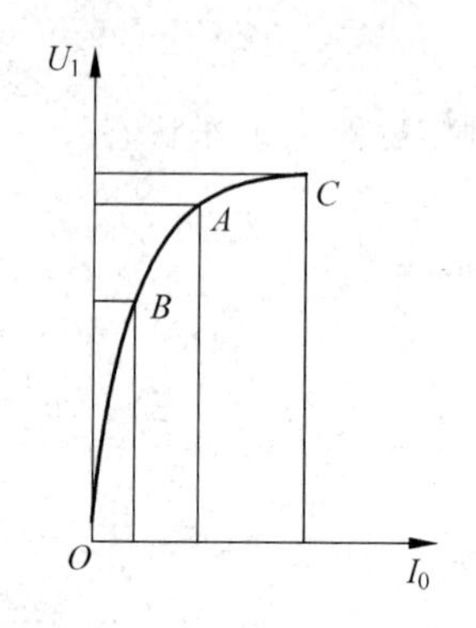

图 2-31-2 变压器空载特性曲线

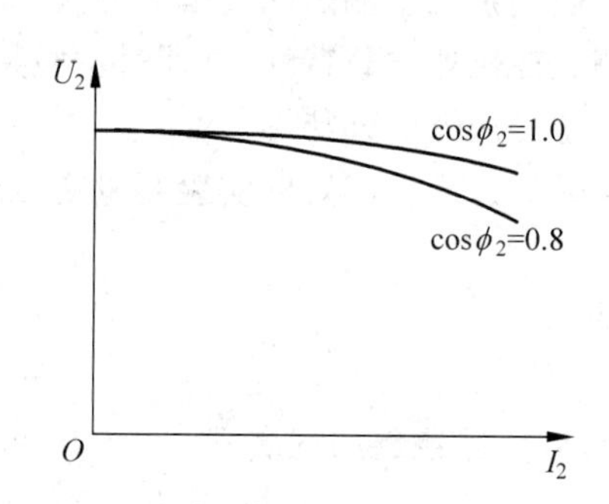

图 2-31-3 变压器的外特性曲线

3. 外特性的测量

变压器原、副绕组都具有内阻抗,即使原边电源电压 U_1 不变,副边电压 U_2 也将随负载电流 I_2 变化。在 U_1 一定,负载功率因数 $\cos\varphi_2$ 不变时,U_2 与 I_2 的函数关系 $U_2=f_2(I_2)$称为变压器的外特性。对于电阻性或电感性负载,随负载电流 I_2 的增大,而使 U_2 减小,如图 2-31-3 所示。

4. 变压器的短路实验

短路实验是将变压器副边短路,原边加非常低的电压,使副边电流达到额定值的情况下所进行的实验。实验中原边所加电压 U_K 称为短路电压,短路实验所测得的功率损耗 P_K 称为短路损耗,即

$$P_K=I_{1K}^2R_1+I_{2K}^2R_2+P_{FeK} \tag{2-31-3}$$

因为短路电压很低,铁心中的磁通密度远小于额定工作状态的磁通密度,故短路实验时的铁损很小,可以认为短路损耗就是变压器额定运行时的铜损耗,即

$$P_{Cu}\approx P_K \tag{2-31-4}$$

从变压器空载和短路实验测得的铁损和铜损可以求得变压器额定运行时的效率为

$$\eta=\frac{P_2}{P_2+P_{Fe}+P_{Cu}}\times 100\% \tag{2-31-5}$$

三、实验仪器和器材

(1) 自耦调压器。
(2) 交、直流电压/电流表。
(3) 单相电量表或功率表。
(4) 单相变压器。
(5) 60W/220V 灯泡。
(6) 安全导线。

四、实验内容及步骤

1. 判别变压器原、副边绕组的同名端

将变压器 2、4 端短路，在原边加额定交流电压 $U_{12}=220\text{V}$，用交流电压表测量副边电压 U_{34} 和 1、3 端之间的电压 U_{13}，把测量值和计算值一起填入表 2-31-1 中，并根据表中的计算结果判断两个绕组的同名端。

表 2-31-1　测量并判断变压器绕组的同名端

U_{12}/V	U_{34}/V	U_{13}/V	$U_{12}+U_{34}$/V	$U_{12}-U_{34}$/V

2. 空载实验

按图 2-31-4 接线，原边加额定电压 U_1。测量副边电压 U_{20}、原边空载电流 I_0、空载损耗 P_0，根据式(2-31-2)计算变比 k，填入表 2-31-2 中。

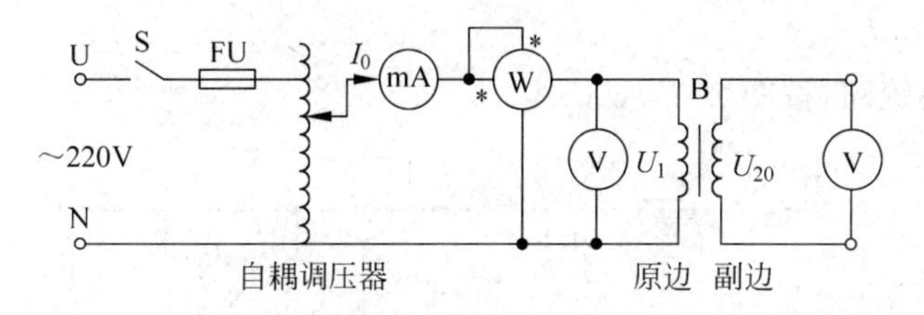

图 2-31-4　变压器空载实验电路

表 2-31-2　变压器空载实验 1

U_1/V	U_{20}/V	$k=U_1/U_{20}$	I_0/mA	P_0/W

调节自耦调压器，将原边电压升高，从 1.2U 开始，逐渐降低电压，读取相应的电压、电流和功率，填入表 2-31-3 中。

表 2-31-3 变压器空载实验 2

	1	2	3	4	5	6	7	8	9
U_1/V									
I_0/mA									
P_0/W						·			

按式(2-31-1)估算变压器的铁损 P_{Fe}，根据表 2-31-2 中的数据绘制变压器的空载特性曲线。

3. 测定外特性

按图 2-31-5 接线，用自耦调压器维持单相变压器原边电压 220V，从空载起至副边电流达到额定值为止，在此范围内读取 6 点数据，包括空载点和满载点，记录于表 2-31-4 中。

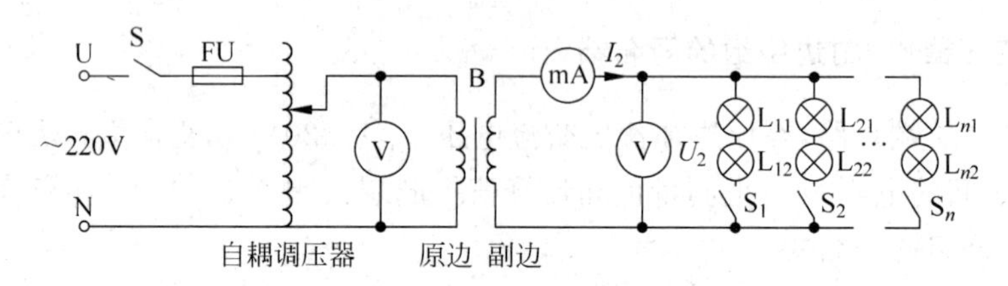

图 2-31-5 测量变压器外特性实验

表 2-31-4 变压器外特性测量

	1	2	3	4	5	6	7	8
U_2/V								
I_2/mA								

根据表 2-31-3 所示的数据绘制变压器外特性曲线。

4. 短路实验

用导线将副边短路，按图 2-31-6 接线。

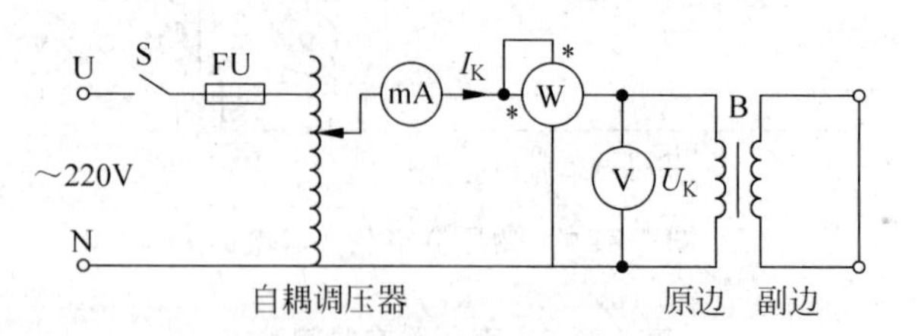

图 2-31-6 变压器输出端短路实验

先将调压器旋钮逆时针旋到零位，再接通电源！

缓慢调节自耦调压器的调压旋钮，使调压器的输出电压从零逐渐增加，在变压器副边短路的情况下，变压器原边电流达到额定电流值。测定此时的电压 U_K、电流 I_K、功率 P_K，填入表 2-31-5 中。

表 2-31-5　变压器短路实验

测量项目	U_K/V	I_K/mA	P_K/W
数据			

根据式(2-31-4)估算变压器的铜损 P_{Cu},根据式(2-31-5)计算变压器额定运行时的效率 η。

五、选做实验

按变压器额定功率计算,变压器最多能并联几个 60W/220V 白炽灯泡?用灯泡做负载时,总功率不得超过变压器的额定功率。通过实验进行验证,并用功率表实测此时变压器的效率。

六、思考题

(1) 根据实测空载特性曲线,说明实验用的变压器副边匝数设计得是否合理,为什么?

(2) 一台变压器的铭牌丢失,不知道原边的额定电压是多少,能否通过实验判定?

实验32　三相交流电路

三相交流电路是电力传输的主要途径，研究三相电路的特性，学习三相电路参数的测量方法，为安全、正确用电打好基础。

一、实验目的

（1）学习三相电路中负载的星形和三角形连接方法。

（2）通过实验验证对称负载做星形和三角形连接时，负载的线电压 U_L 和相电压 U_P、负载的线电流 I_L 和相电流 I_P 间的关系。

（3）了解不对称负载做星形连接时中线的作用。

（4）掌握两表法测量三相功率的方法。

（5）通过实际测量，了解负载做星形和三角形连接电路的特点。

（6）学习相序的测量方法。

二、原理

按负载的连接方式分类，有星形连接和三角形连接之分。在星形连接中，又分为对称负载有中线、对称负载无中线、不对称负载有中线、不对称负载无中线4种情况；在三角形连接中，分为对称负载和不对称负载两种情况。

三相电路的参数有线电压 U_L、相电压 U_P、线电流 I_L、相电流 I_P、功率 P、相序等。

电压和电流可以按定义直接测量。

与功率有关的参数又分为有功功率、无功功率、视在功率、瞬时功率、功率因数等，本实验用普通灯泡作为负载，属于纯电阻性负载，只测量总有功功率。测量总功率有两表法和三表法，受课时所限，本实验的必做内容只涉及两表法。

学习相序测量方法，为做三相异步电动机控制实验打好基础。

1. 对称负载电路中电路参数的基本关系

星形连接对称负载时，线电压和相电压之间的关系是

$$U_L = \sqrt{3}U_P \tag{2-32-1}$$

线电流和相电流之间的关系是

$$I_L = I_P \tag{2-32-2}$$

三角形连接对称负载时，线电压和相电压之间的关系是

$$U_L = U_P \tag{2-32-3}$$

线电流和相电流之间的关系是

$$I_L = \sqrt{3}I_P \tag{2-32-4}$$

三相总有功功率为

$$P=\sqrt{3}\cdot U_{\mathrm{L}}\cdot I_{\mathrm{L}}\cdot\cos\varphi \tag{2-32-5}$$

2. 中线在星形连接不对称负载电路中的作用

星形连接不对称负载时，若不接中线，则三相负载中性点 N′的电位与电源零线 N 的电位不同，负载上各相电压将不相等，线电压与相电压间不再是$\sqrt{3}$倍的关系。在三相负载中某一相负载上的电压可能很低，甚至无法正常工作；另外某一相负载的电压可能很高，甚至会永久性地损坏电气设备。

本实验用白炽灯泡作为三相电路的负载。灯泡标称功率最大(电路电阻最小)的一相其灯泡最亮，相电压最高。在负载极不对称情况下，相电压最高的一相可能将灯泡烧毁。改进的方法是增加中线，负载中点 N′ 与电源零线 N 等电位，因电源中相电压是对称相等的，从而使各相电压对称相等，所有负载都在额定电压范围内工作。因此，对于不对称负载中线是必不可少的。

3. 两表法测量三相总功率

三相有功功率的测量方法有三瓦特计法和二瓦特计法两种。三瓦特计法，通常用于三相四线制，该方法是用 3 个瓦特计分别测量出各相消耗的有功功率，因此，3 个瓦特计所测功率数的总和就是三相负载消耗的总功率。二瓦特计法通常用于测量三相三线制负载功率，不论负载对称与否，两个瓦特表的读数分别为

$$\begin{aligned}W_{1\text{-}\mathrm{UM}}&=I_{\mathrm{U}}U_{\mathrm{UN}}\cos(\varphi-30^\circ)\\&=I_{\mathrm{L}}U_{\mathrm{L}}\cos(\varphi-30^\circ)\\W_{2\text{-}\mathrm{VM}}&=I_{\mathrm{V}}U_{\mathrm{VM}}\cos(\varphi+30^\circ)\\&=I_{\mathrm{L}}U_{\mathrm{L}}\cos(\varphi+30^\circ)\end{aligned}$$

式中 φ 为负载的功率因数角。

三相总功率为两个瓦特计读数的代数和。当 $\varphi<60^\circ$时，两个表读数均为正值，总功率为二瓦特计读数之和；当 $\varphi>60^\circ$时，其中一个表读数为负值，总功率为二瓦特计读数之差。本实验负载为白炽灯泡，接近纯电阻性负载，$\varphi=0^\circ$。故二瓦特计读数为正值，三相总功率为两个瓦特计读数之和。

三、实验仪器和器材

(1) 三相空气开关。
(2) 三相熔断器。
(3) 灯泡。
(4) 单相电量仪。
(5) 日光灯镇流器。
(6) 电容。
(7) 交、直流电压/电流表。

(8) 安全导线。

四、实验内容及步骤

1. 测量电压

测量三相四线制电源的相电压和线电压,记录在表 2-32-1 中。

表 2-32-1 电压测量

线电压/V			相电压/V		
U_{AB}	U_{BC}	U_{CA}	U_{AN}	U_{BN}	U_{CN}

2. 测量星形负载电路参数

1) 连接实验电路

实验电路如图 2-32-1 所示,将灯泡负载做星形连接(用虚线连接的灯泡不接),检查无误后通电观察 6 个灯泡的亮度。若某相灯泡不亮,则需要请指导教师检查相应的熔断器(保险)等。

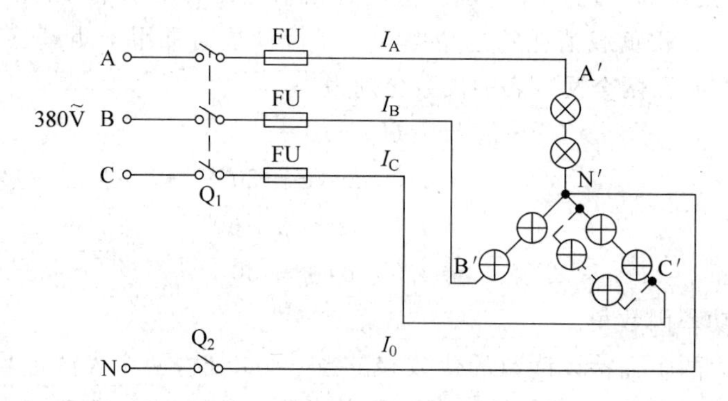

图 2-32-1 星形连接负载的实验电路

2) 测量有中线和无中线时对称负载的各相电压和各相电流

每相负载为两个 60W/220V 灯泡串联,测量有中线时负载侧的各相电压及各相电流。断开中线,重复对各电量进行测量,将测量值记录于表 2-32-2 中。

表 2-32-2 星形负载电路参数测量

	相电压/V			电流/mA				功率/W		
	$U_{AN'}$	$U_{BN'}$	$U_{CN'}$	I_A	I_B	I_C	I_0	W_1	W_2	W
对称负载有中线										
对称负载无中线										
不对称负载有中线										
不对称负载无中线										

注:表中 $W=W_1+W_2$,是计算值。

3）测量有中线和无中线时不对称负载电路的各相电压和各相电流

将C相负载的灯泡增加一组（用虚线连接的两个灯泡），其他两相仍各为一组，构成不对称负载电路。分别测量有中线和无中线时的各电量，记录在表2-32-2中。

4）用二瓦计法测量星形负载电路的有功功率

测量对称负载有中线和无中线时的三相有功功率，功率表的接线方法示于图2-32-2中。将测量数据记录在表2-32-2中。

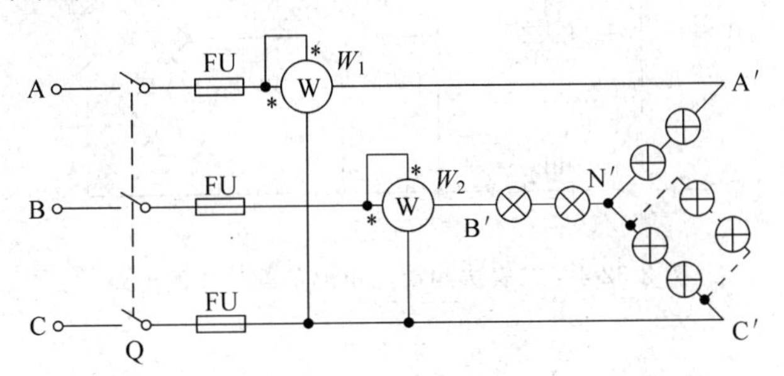

图2-32-2　二表法测量星形电路功率电路

3. 测量三角形负载电路

1）连接对称负载电路

实验电路如图2-32-3所示，将灯泡负载作三角形连接（用虚线连接的灯泡不接），检查无误后通电观察灯泡亮度。若灯泡亮度不一致，说明有断相现象，需请指导教师检修。

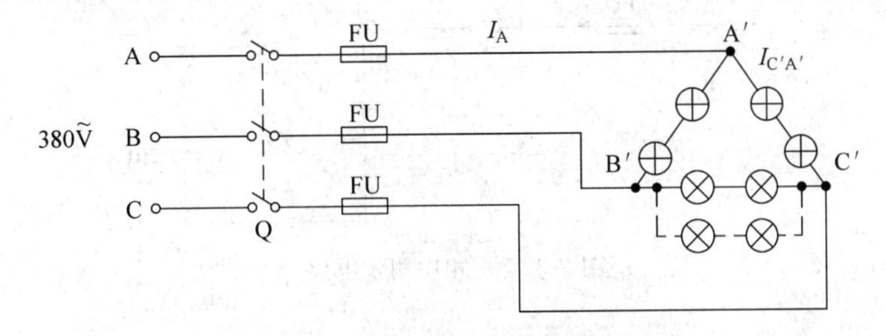

图2-32-3　三角形连接负载的实验电路

2）测量对称负载电路的参数

测量各相电压及各相电流，将测量值填入表2-32-3中。

3）测量不对称负载电路的参数

将C′B′相灯泡增加一组，如图2-32-3中用虚线连接的灯泡，成为不对称负载电路。测量各相电压及各相电流，记录于表2-32-3中。

表2-32-3　三角形负载电路参数测量

	电压/V			电流/mA		功率/W		
	$U_{A'B'}$	$U_{B'C'}$	$U_{C'A'}$	I_A	$I_{C'A'}$	W_1	W_2	W
对称负载								
不对称负载								

4）测量三相功率

用二瓦计法测量对称负载和不对称负载的三相有功功率，测量电路示于图 2-32-4 中，将数据记录在表 2-32-3 中。

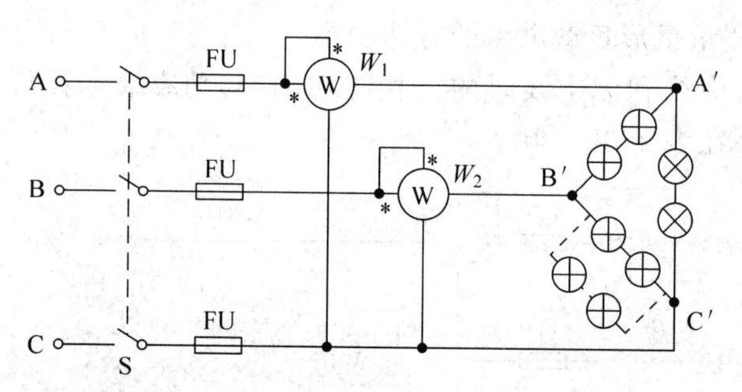

图 2-32-4　二表法测量三角形负载功率的电路

4. 相序的测量

按图 2-32-5 连接电路，若相序正确，则 1 路灯亮，2 路灯暗，然后调换相序将 L_1 接到 2 路灯，L_2 接到 1 路灯，此时 1 路灯暗，2 路灯亮。

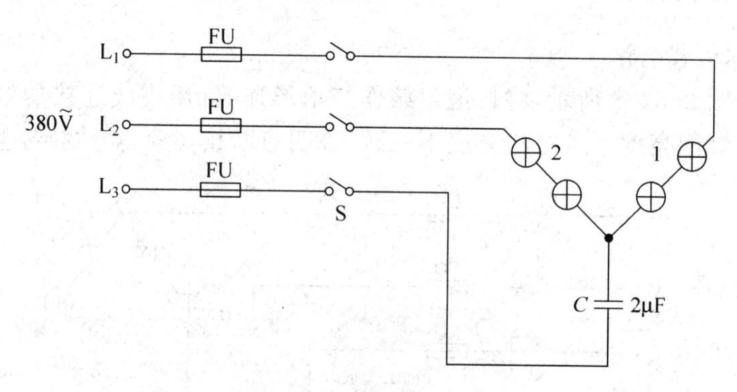

图 2-32-5　相序测量电路

五、选做内容

用三表法测量三相功率。画出测量星形负载有中线、星形负载无中线、三角形负载的电路图，测量后与两表法测量的结果进行对比。

六、思考题

（1）根据实验数据说明在什么条件下 $I_L=\sqrt{3}I_P$，$U_L=\sqrt{3}U_P$ 的关系成立？

（2）中线的作用是什么？什么情况下可以省略？什么情况下不可少？

实验33　三相异步电动机的连接和启动

电动机的种类繁多,三相异步电动机是工农业生产中最常用的动力设备之一。通过本实验可以初步了解三相异步电动机的工作原理和最基本的使用方法。

一、实验目的

(1) 了解三相异步电动机各参数的含义。
(2) 学习并验证判断三相异步电动机绕组首、末端的方法。
(3) 学习测量电动机绝缘电阻的方法。
(4) 正确连接异步电动机的三相绕组,并使电动机启动和实现反转。

二、实验原理

1. 电动机的接法

电压是指电动机定子绕组应接的额定线电压;接法是指在额定线电压下的三相绕组的正确接线方法。若铭牌上有两种电压值220V/380V,则对应两种接法(Δ/Y),表示该电动机的三个线圈既可以接成三角形工作,也可以接成星形工作。

2. 电流 I_N

I_N 是指电动机在额定电压、额定频率并输出额定功率时定子的额定线电流。铭牌有时标出两种额定电流值,它们与绕组的不同接法相对应。

3. 转速 n_N

铭牌上所列的转速是额定转速,指电动机在额定电压、额定功率下运行时转子的转速。通常以"r/min"为单位。正常运行时,电动机的实际转速在额定转速与同步转速之间。

4. 功率 P_N

在额定运行条件下,电动机转轴上输出的额定机械功率。通常以千瓦(kW)为单位。实际运行过程中,电动机输出的功率是由负载大小决定的,并不一定等于额定功率。电动机从电源吸取的功率不等于额定功率,这里有一个电动机效率问题。如额定输出机械功率为 P_N 时,输入电功率为 P_{IN},则额定效率为

$$\eta = \frac{P_N}{P_{IN}}$$

对于普通电动机,实际工作效率为75%~90%,电动机的效率随电动机种类、容量大小及装配质量而不同。

5. 功率因数 $\cos\varphi_N$

$\cos\varphi_N$ 是指电动机额定运行时的功率因数。电动机是感性负载，在定子电路中相电流滞后相电压 φ_N 角，功率因数是此角度的余弦值，电动机额定运行时 $\cos\varphi_N=0.7\sim0.9$，空载或轻载时会更低，因此在电动机使用时，应尽量避免出现电动机的长期轻载或空载运行情况。

6. 工作方式

为充分发挥电动机的潜力，电动机按持续运行时间划分工作方式，分为连续、短时和重复短时 3 种。

连续工作方式，表示这种电动机可以按铭牌上规定的功率长期连续使用。

短时工作方式，表示这种电动机不能长时间连续使用。在额定功率输出时只能按铭牌规定短时间运行。

重复短时工作方式，表示这种电动机不能在额定功率输出时连续运行，只能按规定时间做重复性短时间运行。

7. 绝缘等级和温升

绝缘等级是由电动机所用绝缘材料决定的，按耐热程度不同，绝缘材料分为 A、E、B、F、H 等数级。

8. 电动机的绝缘电阻

电气设备的绝缘程度与设备的安全性能和使用寿命密切相关，通常用绝缘电阻衡量。设备受热、受潮、受到机械冲击、过压或过流工作后，都有可能使绝缘电阻降低，甚至可能造成设备外壳带电和出现短路事故。因此，在使用期间应对电气设备的绝缘电阻做定期检查。使用长期闲置的设备之前，必须检查绝缘电阻。

测量绝缘电阻时，需要加足够高的电压，所以，不能用普通万用表测量，而应用兆欧表（也称摇表）进行测量，兆欧表是专门用于测量绝缘电阻的仪表。

使用兆欧表时，要注意以下几个问题。

（1）测量绝缘电阻前，必须切断电源。

（2）应按电气设备的电压等级选择兆欧表的规格。测量额定电压不足 500V 的绕组的绝缘电阻（如额定电压 380V 的电动机）时，则应选用 500V 兆欧表，而测定额定电压高于 500V 绕组的绝缘电阻时，则应选用 1 000V 的兆欧表。

（3）测量前，做兆欧表自检。自检方法是先将兆欧表二端线开路，顺时针摇动兆欧表手柄，表针应指到“∞”处，再把兆欧表二端线迅速短接一下，表针应迅速指到零处。

（4）测量绝缘电阻时，将兆欧表端钮 L、E 分别接到待测绝缘电阻两端，如测量对地绝缘电阻，则应将 E 接地（如电动机外壳）。

（5）测量时，兆欧表要平放，转动手柄的转速大约为 120r/min。

测量电动机的绝缘电阻，一般有两项内容：一是测相间绝缘，即测量各线圈之间的绝缘电阻；二是测对地绝缘，即测量各线圈对外壳的绝缘电阻。对于 500V 以下的中、小型电动机，绝缘电阻最低不得小于 1 000Ω/V。

9. 电动机绕组首、末端的判别

当电动机绕组各相引出线标志脱落时，必须判明哪两根引出线属于同一相，哪根是首端，哪根是末端，这是对电动机进行正确接线的前提。判定异步电动机绕组首、末端有多种方法。

1）串灯法

先从 6 条没有任何标记的引出线中判断出 3 个绕组的端线，用一个灯泡与交流电源串联，碰触电动机的任意两条引出线，能使灯泡发光的两条引出线显然是属同相绕组，这样可将 6 根引出线分成三相绕组。然后，任意规定一相绕组的首、末端（如 D_1、D_4），并将另一相（如 B 相）的任意一端与 D_4 相连，将串联起来的这两相绕组的另外两端接到低压电源上（交流 40～100V），其余那一相（C 相）的两端接灯泡，实验电路如图 2-33-1 所示。若通电后，灯泡亮度与图中标注的情况相同，则可认为 D_1 与 D_2 同为首端，D_4 与 D_5 同为末端。

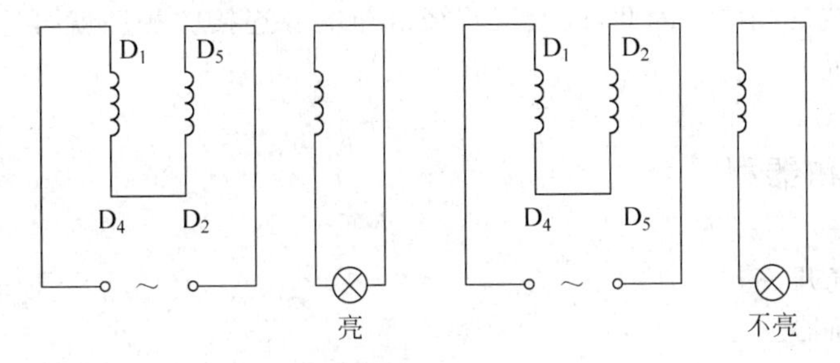

图 2-33-1　串灯法原理（一）

用同样的方法可以判定另一相的首、末端。

本实验方法的原理可简述如下：如 A、B 两相绕组是首、末端相连，通入交流电所产生的合成磁通会穿过 C 相绕组，因此 C 相绕组产生感应电动势而使灯泡发光，如图 2-33-2(a)所示，如 A、B 两相绕组是末端与末端相连，通入交流电后产生的合成磁通不穿过 C 相绕组，C 相绕组不产生感应电动势，灯泡当然不亮，如图 2-33-2(b)所示。

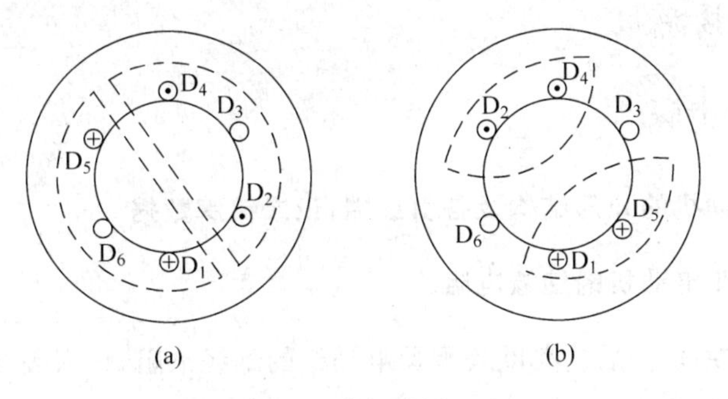

图 2-33-2　串灯法原理（二）

对于小容量的电动机，用串灯法产生的感应电流非常小，不足以点亮灯泡。此时可以用电压表代替灯泡，根据感应电压的大小判断首、末端。

2）电流表法（或万用表）

用万用表电阻挡或将电池与电流表（毫安表或微安表）串联的办法，可以从 6 个引出线中判定哪两根引线是属同一相的。然后规定任意一相(如A相)的首、末端(如 D_1 和 D_4)。与电池相连接,在另外一相(如B相)绕组的两端接上毫安表(或万用表直流毫安最小量程挡),在接通电源的瞬间,若表头指针正向摆动,则电流表负极所接的引线与电池正极所接的引线端是同极性端(即同为首端或末端),用同样的办法可以判定第三相的首、末端,实现电路如图 2-33-3 所示。

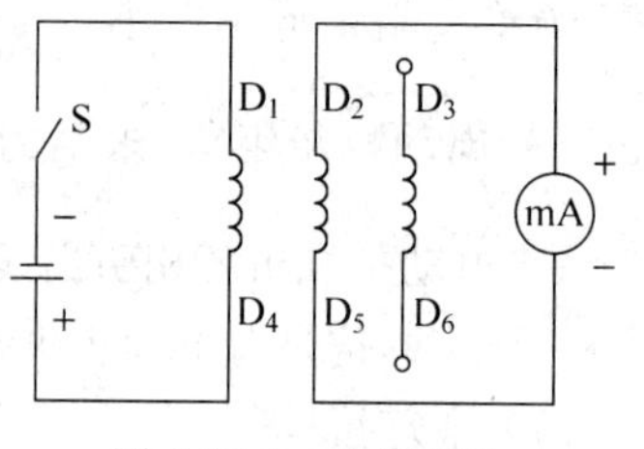

图 2-33-3 电流表法

10. 三相异步电动机的启动和反转

对于中、小型异步电动机,当电源容量相对电动机功率足够大时,一般均采用直接启动,即将电动机的定子绕组直接接到额定电压的电源上。

异步电动机转子的旋转方向与旋转磁场的旋转方向相同,而旋转磁场的旋转方向取决于绕组与电源接线的相序。因此,改变三相绕组与电源连接的相序就可达到改变三相异步电动机转向的目的。

三、实验仪器和器材

(1) 三相空气开关。
(2) 三相熔断器。
(3) 按钮开关。
(4) 三相异步电动机。
(5) 0~30V 可调直流稳压电源。
(6) 兆欧表。
(7) 万用表。
(8) 单相电量表。
(9) 安全导线。
(10) 安全型短接桥。

四、实验内容和步骤

1. 熟悉异步电动机的外形结构及各引线端,记录铭牌数据

2. 测量三相异步电动机的绝缘电阻

自检兆欧表,并用检查后的兆欧表测量电动机的绝缘电阻,填入表 2-33-1 中。

表 2-33-1 测定绝缘电阻

相间绝缘	绝缘电阻/MΩ	相与机壳绝缘	绝缘电阻/MΩ
A相与B相		A相与机壳	
B相与C相		B相与机壳	
C相与A相		C相与机壳	

3. 判定三相绕组的首、末端

按图 2-33-1 接线，用串灯法判断首、末端。判断首、末端时用电压表代替灯泡。

按图 2-33-3 接线，用电流表法判断首、末端，验证用串灯法判断的结果。

4. 启动电动机

① 如图 2-33-4(a)所示，将电动机的 3 个线圈按星形连接，检查无误后，闭合负荷开关 QM 启动电动机，观察电动机的转向。

② 断开负荷开关 QM，改变电动机与电源接线的相序(任选两条相线对调)，闭合 QM，观察电动机反向转动。

③ 将电动机的 3 个线圈改为三角形连接，如图 2-33-4(b)所示，检查无误后，闭合负荷开关 QM，启动电动机，观察电动机的转向。

④ 断开负荷开关 QM，改变电动机与电源接线的相序(任选两条相线对调)，闭合 QM，观察电动机反向转动。

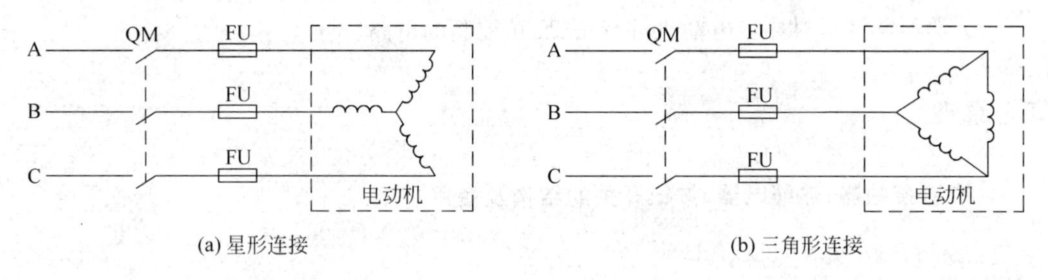

图 2-33-4 电动机的两种工作方式

五、选做内容

测量三相异步电动机的空载工作电流和空载功率。

六、思考题

(1) 电动机的额定电压与电动机接线方法有什么关系？

(2) 写出用电流表法判定三相绕组(见图 2-33-5)首、末端的详细步骤。

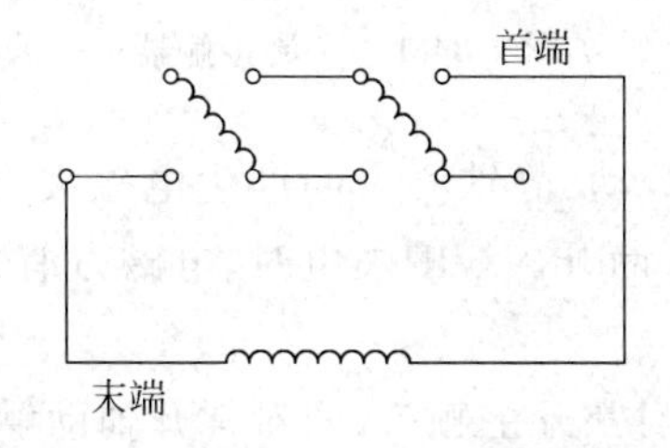

图 2-33-5 电动机接线面板及 3 个绕组

实验34　异步电动机继电接触控制的基本电路实验

在工农业生产中,经常用到三相异步电动机。根据实际需要,有很多种控制电路。本实验学习最基本,也是最典型的几种控制电路。

一、实验目的

(1) 了解交流接触器、热继电器、按钮开关等器件的结构,熟悉这些器件的使用方法。

(2) 学习并掌握对异步电动机进行点动、启动、停车控制的电路。

(3) 学习并掌握对异步电动机进行正、反转控制的电路。

二、原理

1. 交流接触器、热继电器、按钮开关的结构及使用

1) 交流接触器

交流接触器是通过电磁线圈产生的机械动作带动触头接通或断开电动机主电路的器件。交流接触器主要由电磁系统和触头系统组成,其中电磁系统包括线圈、动铁心和静铁心,触头系统分为主触头和辅助触头,主触头允许通过较大电流,接在主电路中;辅助触头,允许通过的电流较小,接在控制电路中。将触点按线圈通电前的状态分类,有常开触头和常闭触头。交流接触器符号如图2-34-1所示。

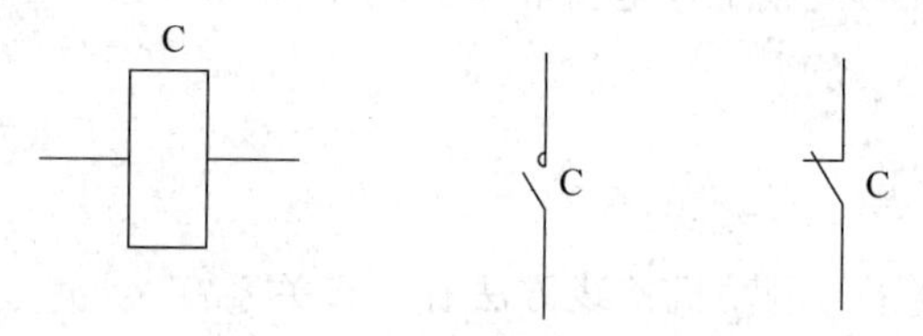

(a) 接触器电磁线圈　(b) 常开主触头　(c) 常闭辅助触头

图2-34-1　交流接触器

接触器在电磁线圈通电后,动、静铁心之间产生电磁吸力,动铁心带动触头动作,使所有常开触头闭合,常闭辅助触头断开。线圈失电时,电磁力消失,动铁心靠弹簧恢复原位,所有触头恢复原始状态。

本实验选用的接触器有三对常开主触头、两对常开辅助触头和两对常闭辅助触头。

接触器的线圈和各种触头在电路中用相同的字母标识。

为防止主触头断开时,产生电弧而烧坏触头,有些接触器装有灭弧装置。为消除交流接

触器工作时铁心的颤动，在铁心端面的一部分套有一个短路环。

2）热继电器

热继电器是根据电流的热效应原理制成的继电器。当电动机过载时，热继电器就会自动切断电源，避免电动机受到损坏。热继电器的电路符号如图 2-34-2 所示，该器件由发热元件、双金属片、绝缘牵引板、扣板、弹簧、触头、复位开关等组成。其中发热元件一般由电阻值不大的电阻丝或电阻片构成，直接串联在被保护的电动机主电路中；双金属片是由两种热膨胀系数不同的金属片碾压而成，上层金属片热膨胀系数小，下层金属片热膨胀系数大，双金属片紧贴发热元件，其一端固定在支架上，另一端与扣板自由接触。当电动机在额定负载下运行时，通过发热元件的电流是额定电流，这个电流不足以使热继电器动作，当电动机过载时，通过发热元件的电流超过额定值，产生的热量使双金属片受热变形，弯向膨胀系数小的一侧，使双金属片与扣板脱开，受弹簧拉动，将常闭触头断开。由于此常闭触头与接触器电磁线圈串联，在触头断开时，电磁线圈失电，电动机逐渐减速后停止转动。

热继电器需要在积累一定热量后才能产生动作，所以它只适用于做电动机的长期过载保护，不能做短路保护。

3）按钮开关

按钮是继电器接触控制电路中最常用的主令电器，通过发出“接通”和“断开”指令信号，起到控制电动机的目的，按钮的触头符号如图 2-34-3 所示。本实验选用的按钮开关由一对常开触头、一对常闭触头、复位弹簧和按钮帽组成。按动按钮时，常闭触头先断开，常开触头随之闭合，松开按钮时，因复位弹簧的作用，各触头立即恢复常态，常开触头先复位断开，常闭触头后复位闭合。

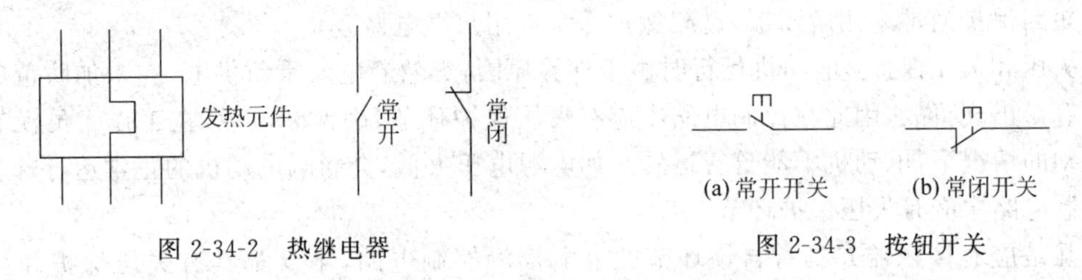

图 2-34-2　热继电器

图 2-34-3　按钮开关

2. 点动控制环节

点动控制电路如图 2-34-4 所示，它主要由按钮开关和交流接触器组成。

按下启动按钮 SB，接触器线圈 C 得电，接触器常开触头闭合，电动机得电运转。松开启动按钮 SB，由于复位弹簧的作用，使按钮复位，常开触点断开，接触器线圈失电，电动机停转。如此点压按钮，电动机动作；松开启动按钮，电动机自由停车，“点则动，不点不动”，实现所谓的“点动控制”。

3. 自锁环节

在点动控制的基础上，为实现电动机长期连续运行，需要加入自锁环节。自锁环节的实现是在按钮开关的常开触头两端并联上接触器 C 的一副辅助常开触头。当按下按钮 SB_1 时，接触器 C 得电，主触头 C 闭合，电动机得电运转，与此同时并联在 SB_1 上的常开辅助触头也闭合，这样即使松开按钮，SB_1 常开触头复位，但接触器线圈仍然有电流通过，因此电动机可继续运行。这种依靠接触器自身辅助常开触头闭合而使先前保持通电的作用称为“自锁”(或“自保”),起自锁作用的触头称为自锁触头。为使自锁后的电动机可以停车,在接触器线圈电路中再串入一个带常闭触头的停止按钮 SB_2 即可。带自锁环节的控制电路如图 2-34-5 所示。

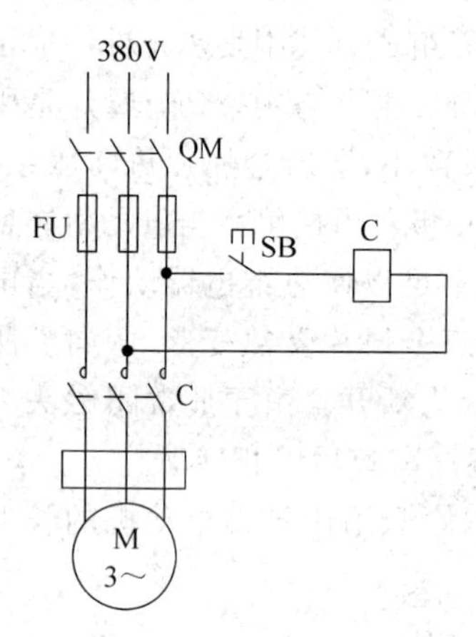

图 2-34-4 点动控制

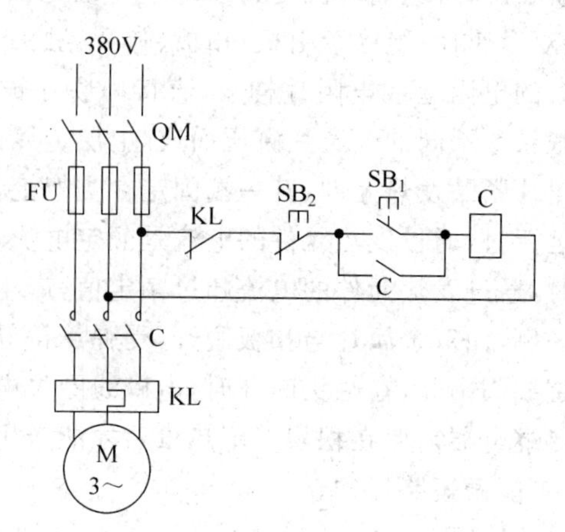

图 2-34-5 启动、停车、加保护控制电路

4. 保护环节

为确保电动机正常运行,防止由于短路、过载、欠压等事故造成的危害,在电动机的主电路和控制电路中必须具有短路保护、过载保护、失压保护和欠压保护等各种保护装置。

短路保护通常采用熔断器,过载保护通常采用热继电器。

失压和欠压保护:电动机运行时由于外界原因,突然断电又重新供电,在未加防范的情况下容易出现事故,因此在控制电路中应有失压保护环节,确保断电后,在工作人员没有重新启动的情况下,电动机不能自行运转。如电源电压太低,会影响电动机的正常运行,因此,在控制电路中应有欠压保护环节。

凡是应有接触器并具有自锁环节的继电接触控制电路,本身都具有失压保护和欠压保护环节。当电源电压突然中断或严重欠压时,接触器线圈产生的电磁力为零或很小,弹簧驱使动铁心复位,切断主电路,并失去自锁,电动机停止运行。而当电源重新恢复正常供电时,必须在操作人员再次按下启动按钮后,电动机才能启动,从而实现失压保护和欠压保护。

5. 联锁的环节

几个控制电器通过辅助触头之间的相互连接,实现彼此之间相互联系又相互制约的作用,叫相互“联锁”。实现联锁控制的触头叫联锁触头。在继电接触控制电路中通过接触器、继电器之间的相互联锁,可以实现多台设备按生产工艺进行工作,是实现自动控制及保护的重要环节。

本实验通过三相异步电动机正、反转控制电路,说明联锁环节的作用。

大家知道,改变相序可以使三相异步电动机反向旋转。如图 2-34-6 所示,用两个接触器就可以实现对电动机的正、反转控制。按下启动按钮 SB_1,接触器 C_1 线圈通电并自锁,主

触头 C_1 闭合，电动机按正相序正向运转。如按下启动按钮 SB_2，接触器 C_2 线圈通电并自锁，主触头 C_2 闭合，电动机因 L_1、L_2 两相与电动机接线换相，电动机按反相序反向运转。但是，这个电路存在一个非常严重的问题。即当电动机正转运行时，如再按下 SB_2 时，会出现 C_1 和 C_2 同时得电闭合，造成 L_1 和 L_2 两相电源短路的故障，因此必须严加防范。即必须设法使两个接触器在任何情况下都不能同时通电。可以利用两只接触器的常闭辅助触头 C_1 和 C_2，如图 2-34-7 所示串联到对方接触器线圈所在的支路里。当正转接触器 C_1 通电时，串联在反转接触器线圈 C_2 支路中的常闭触头已经断开，从而切断了 C_2 支路，这时即使按下反转启动按钮 SB_2，线圈 C_2 也不会通电。同理，在反转接触器 C_2 通电时，即使按下正转启动按钮 SB_1，线圈 C_1 也不会通电，保证了电路的正常工作。

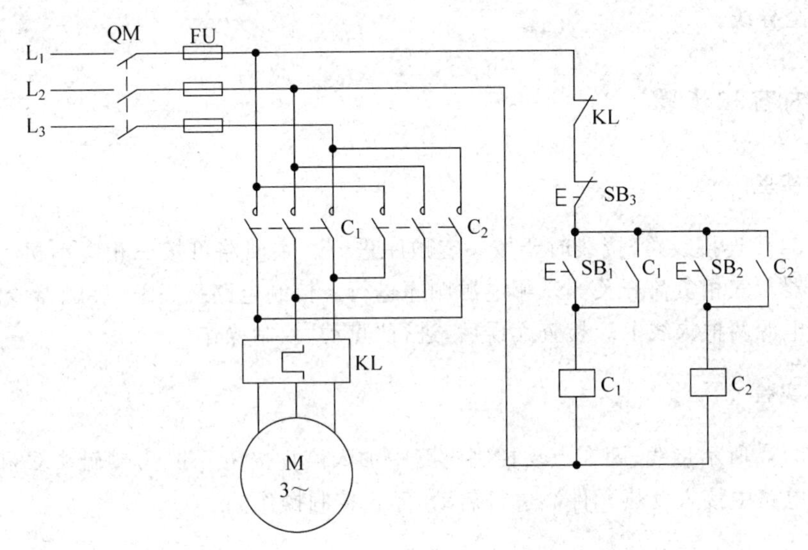

图 2-34-6 不带联锁的正、反转控制电路

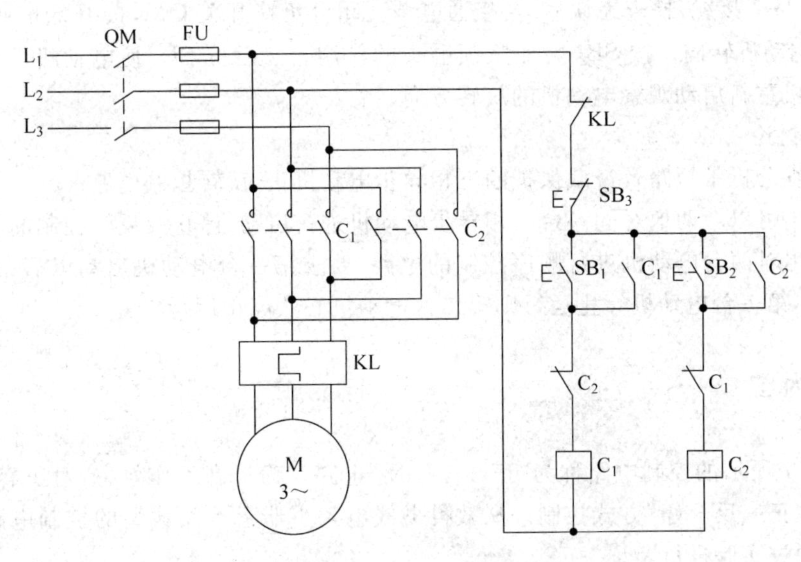

图 2-34-7 带有联锁的正、反转控制电路

三、实验仪器和器材

(1) 三相空气开关。

(2) 三相熔断器。

(3) 按钮开关。

(4) 交流接触器。

(5) 热继电器。

(6) 三相异步电动机。

(7) 安全导线。

四、实验内容和步骤

1. 点动实验

按图 2-34-4 连接线路,接线时要按一定顺序进行。主回路可按三相电动机—接触器主触头—熔断器—三相负荷开关—三相电源顺序进行。控制电路按 SB—接触器线圈 C,然后将两端接入电源两根火线上。检查无误后,进行"点动"控制操作。

2. 自锁实验

按图 2-34-5 所示接线,即在点动控制电路中加入停止按钮 SB_2,自锁触头 C 和热继电器常闭。在主电路中接入发热元件。进行启动、停止控制操作。

3. 正、反转控制实验

按图 2-34-7 接线,检查无误后,再接通电源。闭合负荷开关 QM,按下 SB_1 使电动机启动,并观察电动机转向。按 SB_2 验证联锁触头的作用。然后按 SB_3 使电动机停转,再按下 SB_2 使电动机重新启动观察电动机的旋转方向。

分析与讨论

(1) 详细分析带短路及过载保护的三相异步电动机正、反转控制电路。

(2) 绘出可以在两地对同一台三相异步电动机进行启动、停止及反转控制的电路。

(3) 绘出对两台电动机进行顺序控制的电路,要求第一台电动机启动以后第二台电动机才能启动,第一台电动机停止运行则第二台电动机必然停止运行。

五、选做内容

图 2-34-7 所示的控制电路称为"正—停—反"电路。为提高工作效率,对小容量电动机可进行所谓"正—反—停"方式控制。从教科书或电工手册上查阅典型的控制电路,分析工作原理,并通过实验进行验证。

六、思考题

(1) 交流接触器在控制电路中起什么作用?

(2) 实验电路中通过哪个元件实现短路保护? 通过哪个元件实现过流保护?

(3) 在如图 2-34-7 所示的控制电路中是如何实现反转的?

实验35　三相异步电动机的时间控制电路实验

大容量电动机的绕组通常接成三角形，直接启动时对电网产生冲击。先将绕组接成星形，启动延时后立即转换成三角形连接，既减小了对电网的冲击，又不影响正常工作。

一、实验目的

(1) 了解时间继电器的工作原理，掌握其使用方法。

(2) 学习三相异步电动机Y-△启动控制方法。

二、原理

1. 时间继电器

时间继电器与普通继电器的区别在于普通继电器的电磁线圈通电和断电后立即控制触头动作，而时间继电器在电磁线圈通电或断电后，将延迟一段时间才控制触头动作。

按延时触头的工作方式分类，在电磁线圈通电后有延时作用的触头分为延时闭合常开触头和延时断开常闭触头，在电磁线圈断电后有延时作用的触头分为延时断开常开触头和延时闭合常闭触头，这四种延时触头的符号如图2-35-1所示。

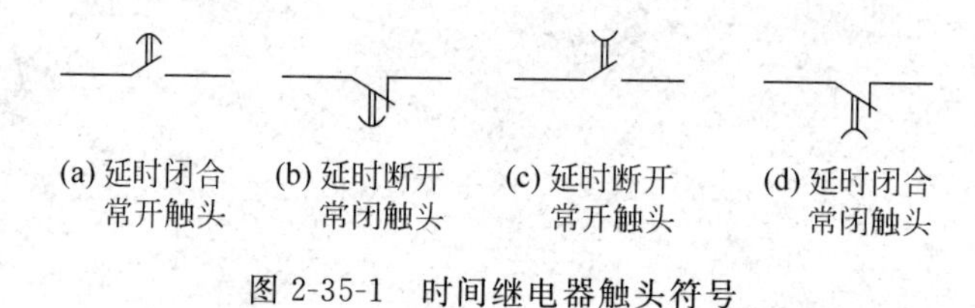

图2-35-1　时间继电器触头符号

2. Y-△启动控制

三相异步电动机工作时，交变电流通过定子线圈产生旋转磁场，转子导体切割磁力线产生电流，该电流在磁场的作用下又产生电磁转矩，驱动转子连续转动。电动机启动时，由于转子处于静止状态，转子导体以最大相对速度切割定子线圈产生的旋转磁场，产生很大的感生瞬时电流，该电流通过电磁感应会在定子线圈中产生高于若干倍额定值的电流。

当电动机频繁启动或重载启动时，将使电动机发热，严重时还有可能烧毁线圈，造成电动机的永久损坏。若电动机的容量较大，还会对电网产生冲击。

采用Y-△变换启动是一种减小三角形接法三相异步电动机启动电流的常用方法。电动机启动时，先通过控制电路将电动机绕组接成星形连接，转子开始转动后立即转换成三角形连接，转入正常工作状态。

3. 控制电路

控制电路如图 2-35-2 所示。QM 为电源总开关；FU 为熔断器，一旦电动机或控制电路中出现短路故障，熔断器立即工作，起短路保护作用；主回路中热继电器的发热元件 KL 用于探测电动机是否过载，当电动机过载运转时，只要有一相电流超过额定值，KL 内部线圈发热，元件受热变形，致使控制回路中的常闭开关断开，接触器 C_3 断电，接触器的主触头断开，电动机停止工作；按下按钮开关 SB_1，接触器 C_1 得电，C_1 的主触头闭合，电动机三相定子绕组的末端接在一起，电动机接成星形；同时，接触器的常开触头闭合，接触器 C_3 得电，接触器 C_3 的 4 个常开触头闭合，此时，与接触器 C_2 线圈串联的 C_1 常闭触头断开，接触器 C_2 的主触头不能闭合，电动机星形启动；从按钮开关接通时刻开始，时间继电器 KT 线圈得电，控制时间继电器的常闭触头延时断开，接触器 C_1 线圈失电，C_1 的主触头断开，电动机星形工作状态结束；接触器 C_3 保持通电状态，C_2 线圈串联的 C_1 常闭触头恢复到闭合状态，C_2 线圈得电，C_2 主触头闭合，电动机转入三角形工作状态；电动机保持三角形连接的工作状态，直到按下按钮开关 SB_2，控制电路失电，3 个接触器的主触头都恢复到断开的状态，电动机逐渐停止转动。

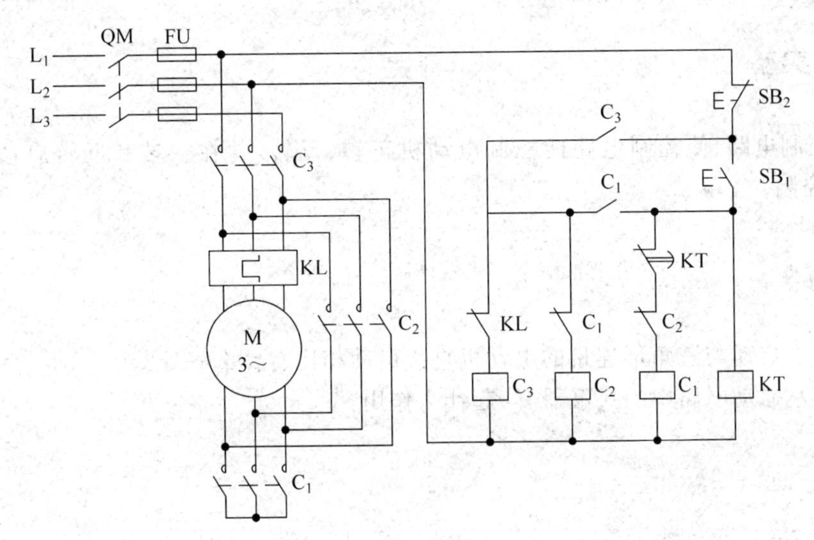

图 2-35-2　Y-△启动控制电路

三、实验仪器和器材

(1) 三相空气开关。
(2) 熔断器。
(3) 三相交流异步电动机。
(4) 交流接触器。
(5) 时间继电器。

(6) 热继电器。

(7) 按钮开关。

(8) 安全导线。

四、实验内容及步骤

(1) 按图 2-35-2 先接控制电路,仔细检查所接电路与电路图是否一致。

(2) 确认无误后再接通电源。

(3) 按下按钮开关 SB_1,启动控制电路,观察 3 个接触器、热继电器和时间继电器是否工作正常,若发现异常,应及时切断电源,找出原因并排除故障后再继续进行实验。

(4) 调整时间继电器的延迟时间,观察延迟时间对各触头的控制作用。

(5) 控制回路工作正常后,切断电源,接通主回路,检查无误后,通电启动,观察电动机的启动运转情况。

(6) 根据电动机实际启动过程,调整时间继电器的延迟时间,记录电动机星形启动工作的时间。

(7) 按下按钮开关 SB_2,电动机断电,逐渐减速后停止转动。

五、选做实验

改进控制电路,使控制电路能控制电动机正转、反转,并在正转和反转启动时都实现 Y-△启动控制。

六、思考题

(1) Y-△启动与三角形连接的电动机直接启动相比有什么好处?

(2) Y-△启动电路中的接触器 C_3 起什么作用?

实验 36　三相异步电动机顺序控制实验

在实际生产中,会遇到对若干台电动机按一定要求控制的问题。本实验学习对两台电动机进行顺序控制的电路。

一、实验目的

(1) 研究电动机顺序控制电路。

(2) 连接顺序控制电路,观察对两台电动机进行顺序控制的工作过程。

二、原理

1. 顺序控制环节

在实际生产过程中,根据设备操作的需要,对异步电动机的控制会提出很多种不同的要求,在前面几个实验中学习了自锁、联锁、延时控制等环节,本实验研究顺序控制环节的工作原理。这里的所谓顺序控制,通常是用某种电路控制若干台电动机,使它们配合工作,共同完成某项任务。

最简单的一个顺序控制的例子是机床电路中对主轴电机和油泵电机的控制。机床上的主轴(机械轴)通常需要在高速、重载情况下运行,如果没有良好的润滑,主轴就会在短时间内升温、退火,甚至抱轴,使机床无法正常工作,因此,在某些机床中,为保证主轴的正常工作,必须在主轴拖动电机工作之前,先启动油泵润滑电机,为主轴提供压力足够高的润滑油。具体要求为:①油泵电机不启动,主轴电机不允许单独启动;②主轴电机运转期间,油泵电机始终不允许停止工作;③油泵电机可以单独启动,在油泵电机工作时,主轴电机可以随意启动或停车。

为实现上述顺序控制的功能,可把控制油泵电机工作的接触器常开触头串接在主轴电机接触器线圈电路中,只要油泵接触器线圈不通电,该常开触头就不闭合,主轴电机接触器线圈也就不可能通电启动,从而满足了要求①和要求③。在油泵电机控制电路的停止按钮两端并联主轴电机接触器的常闭触头,使要求②得到满足。

2. 对实现两台电机实现顺序控制的继电接触控制电路

对主轴电机和油泵电机顺序控制的电路如图 2-36-1 所示。图中接触器 C_1 用于控制油泵电机,接触器 C_2 用于控制主轴电机;SB_1 为油泵电机的启动按钮,SB_2 为油泵电机的停止按钮,SB_3 为主轴电机的启动按钮,SB_4 为主轴电机的停止按钮。

控制电路的工作过程:按下油泵电机启动按钮 SB_1,接触器线圈 C_1 得电,油泵电机启动运行,接触器 C_1 的辅助常开触头闭合,为主轴电机接触器线圈 C_2 得电做好准备。油泵电

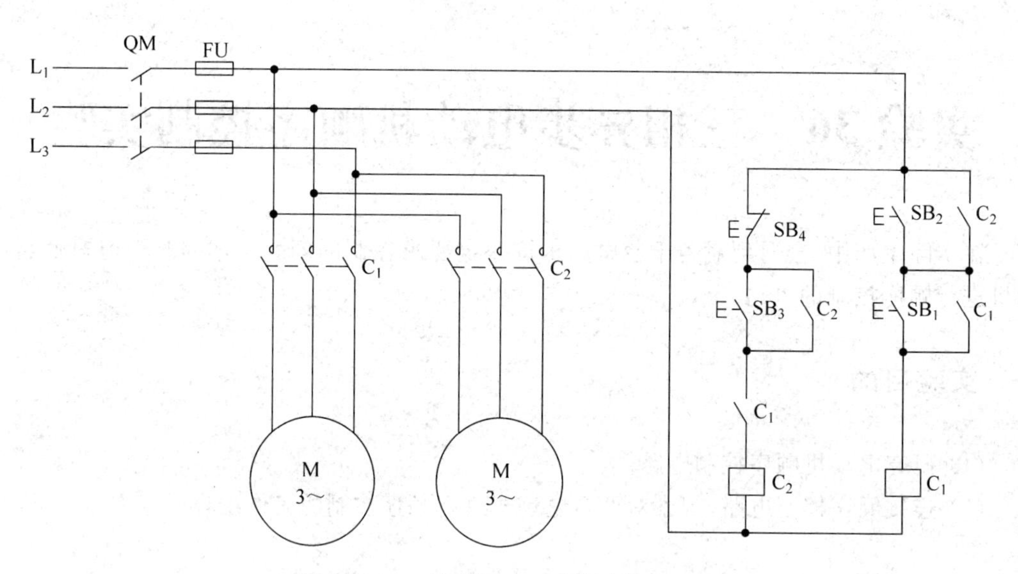

图 2-36-1 三相异步电动机顺序控制实验

机工作后，按下主轴电机的启动按钮 SB_3，主轴电机接触器线圈 C_2 得电，主轴电机运转。如果在油泵电机工作之前按下 SB_3，主轴电机是不能启动的，因为与 C_2 线圈串联的常开触头 C_1 没有闭合。

停车时，只有先按下 SB_4，使主轴电机接触器线圈 C_2 失电，主轴电机停止运行，其常开触头 C_2 断开，再按 SB_2，油泵电机才能停止运行。在主轴电机没有停转的情况下，按 SB_2 是不能使油泵电机停止运行的，因为接触器 C_2 线圈没有失电，和 SB_2 并联的常开触头 C_2 是闭合的，此时接触器 C_1 线圈不会失电。

三、实验仪器和器材

（1）三相空气开关。

（2）三相熔断器。

（3）三相异步电动机。

（4）交流接触器。

（5）按钮开关。

（6）安全导线。

四、实验内容及步骤

（1）分析电路图，掌握控制电路的工作原理，弄清各元件的作用及动作顺序。

（2）按图 2-36-1 接控制电路，两台电动机接触器下口暂不接线。

（3）检查无误后，闭合三相断路器，检查控制电路在顺序启动和顺序停车时是否工作正常。顺序启动时，先按 SB_1 后按 SB_3，接触器 C_1 和接触器 C_2 的电磁线圈应顺序吸合；顺序停车时，先按 SB_4 后按 SB_3，接触器 C_2 和接触器 C_1 的电磁线圈应顺序释放。

(4) 不按顺序启动和顺序停车的要求进行启动和停车，先按 SB_2 后按 SB_1，或先按 SB_3 后按 SB_4，观察各元件动作情况是否正确。

(5) 控制电路工作完全正常后，切断三相断路器，将两台电动机与接触器下口连接后，再接通电源，重复步骤(3)、(4)中的操作，观察两台电动机的动作过程是否正确。

五、选做内容

(1) 改为对三台电动机进行控制，其中一台是油泵电机，两台是主轴电机，要求在启动主轴电机前必须启动油泵电机，两台主轴电机都可以任意启动和停车，任意一台主轴电机运行时，油泵电机都不允许停车。

(2) 改进实验电路，使主轴电机增加反转功能。

六、思考题

为什么要对油泵电机和主轴电机进行顺序控制？

实验 37　三相异步电动机能耗制动控制实验

在生产过程中，为提高工作效率，缩短电动机停车的时间，通常采用制动控制。常用的制动控制方法有反接制动、发电制动(再生制动)、能耗制动和机械制动。

反接制动是在制动时将电动机的相序反相，在电动机转速接近零时切断电源，这种方式的优点是控制电路简单可靠，缺点是将对电动机产生强大的冲击力矩。

发电制动是在制动时将电动机的运行状态转入发电状态，把机械能转换为电能，送入电网。这种制动方式常用于起重设备。

能耗制动是在电动机与交流电源断开后，立即将直流电流注入电动机的定子绕组中，转子靠惯性转动时，在转子绕组中产生感生电流，在静止磁场的作用下，起阻止转子转动的作用，从而达到制动的目的。

有机械制动装置的电动机在运行时电动机和制动机构中的电磁铁同时得电，电磁铁产生的电磁力大于弹簧力，抱闸处于“松开”状态，切断电源后，抱闸靠弹簧力抱紧电动机主轴，起到制动的作用。

本实验研究能耗制动控制电路。

一、实验目的

(1) 学习并掌握实现三相异步电动机能耗制动控制电路。

(2) 进一步熟悉并巩固接触器和时间继电器的使用方法。

二、原理

能耗制动是电机拖动系统中常用的制动方式之一。三相异步电动机的能耗制动是通过在电动机切断交流电源后，立即向定子绕组通入直流电流实现的。直流电流通入定子绕组后，在定子绕组的气隙中产生方向固定的磁场，储存有动能的转子在转动过程中切割磁场，在转子中产生感生电流。直流电流所建立的磁场与转子感生电流相互作用，产生与转子旋转方向相反的制动力矩，使转子减速，在很短的时间内停止运转。

三相异步电动机能耗制动的控制电路如图 2-37-1 所示。图中 C_1、C_2 为接触器，KT 为时间继电器，直流电通过实验台上的交流调压电源经全波整流获得，并通过接触器 C_2 的常开辅助触头引入定子绕组。

三相异步电动机能耗制动控制电路的工作过程如下：

按下按钮 SB_1，接触器 C_1 线圈得电，主触头闭合，电机正常运转。停机时，按下按钮 SB_2，其常闭触头先断开，使接触器 C_1 线圈断电，接触器 C_1 的常开触头断开，使电机与交流电源断开。随即按钮 SB_2 的常开触头闭合，使接触器 C_2 和时间继电器 KT 的线圈分别得电，C_2 的常开触头闭合，使直流电源接到三相异步电动机两相绕组的端线上，产生制动转

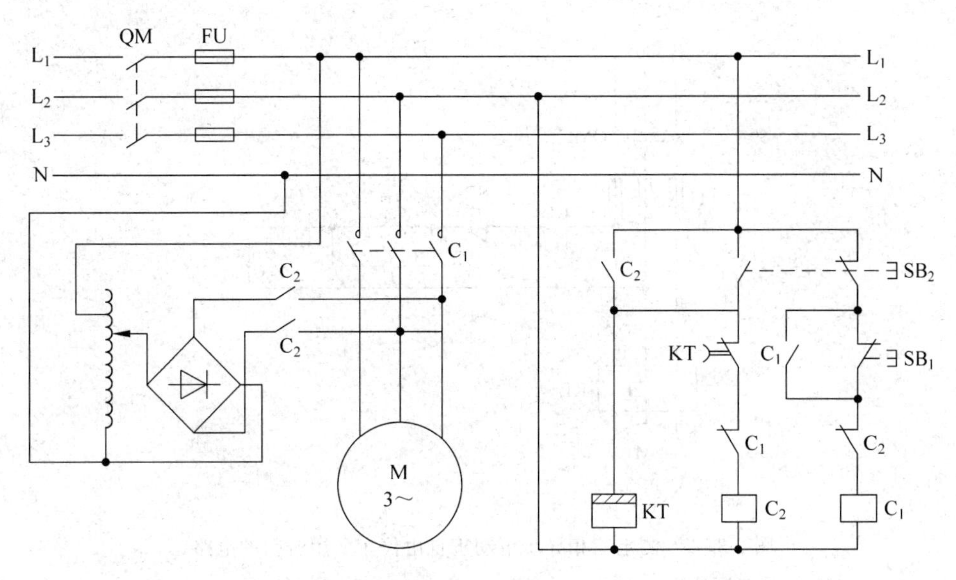

图 2-37-1　三相异步电动机能耗制动控制电路

矩，促使转子尽快停止运转。经过一定时间（由时间继电器整定时间值决定），时间继电器KT的常闭触头断开，接触器 C_2 线圈断电，制动过程结束。

三、实验仪器和器材

(1) 三相空气开关。
(2) 熔断器。
(3) 单相调压器及整流桥。
(4) 交流接触器。
(5) 时间继电器。
(6) 按钮开关。
(7) 三相异步电动机。
(8) 秒表。
(9) 安全导线。

四、实验内容及步骤

(1) 按图 2-37-2 接线，使电机启动并正常运转，然后按停止按钮 SB_2，观察并用秒表测量电机自由停车所用时间。

(2) 按图 2-37-1 接线，调节调压器的输出电压，使整流后的直流电压加到定子绕组后，制动电流约为 1.5 倍额定工作电流。

(3) 按照自由停车所需时间整定时间继电器延迟时间，并启动电动机。当电动机正常运转之后，按下停止按钮 SB_2，观察并测量能耗制动的时间。

(4) 按照能耗制动所需要的时间缩短时间继电器延迟时间，要求电机一旦停止，时间继电器立即切断直流电源的开关。

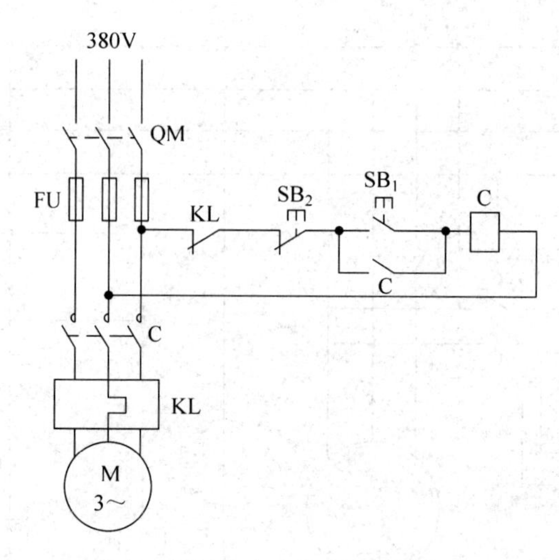

图 2-37-2 测定三相异步电动机自由停车所用时间的电路

五、选做内容

从《电工手册》上查找一个反向制动控制电路，通过实验进行验证，并与能耗制动进行比较。

六、思考题

制动时为什么要向定子绕组通入直流电流？

实验 38　周期信号有效值和平均值的测量

在一个正弦信号的作用下，线性电路的稳态电压和稳态电流都是正弦量，但是，在通信、计算机、自动控制等领域中，会遇到很多非正弦周期信号。为研究和计算方便，常用峰值、峰峰值、有效值及平均值描述这些周期信号。峰值和峰峰值比较直观，可用示波器直接观测，本实验重点研究有效值和平均值的测量与计算问题。

一、实验目的

（1）加深理解有效值、平均值的概念。

（2）掌握用示波器测量任意周期信号电压或电流有效值、平均值的方法。

二、原理

任意周期信号在 t 时刻的瞬时电压值为 $u(t)$，瞬时电流值为 $i(t)$，周期为 T，则电压有效值为

$$U_{\mathrm{ef}}=\sqrt{\frac{1}{T}\int_{0}^{T}u^{2}(t)\mathrm{d}t} \tag{2-38-1}$$

电流有效值为

$$I_{\mathrm{ef}}=\sqrt{\frac{1}{T}\int_{0}^{T}i^{2}(t)\mathrm{d}t} \tag{2-38-2}$$

电压平均值为

$$U_{\mathrm{av}}=\frac{1}{T}\int_{0}^{T}|u(t)|\mathrm{d}t \tag{2-38-3}$$

电流平均值为

$$I_{\mathrm{av}}=\frac{1}{T}\int_{0}^{T}|i(t)|\mathrm{d}t \tag{2-38-4}$$

对于式(2-38-1)～式(2-38-4)中的积分运算，本实验用数值积分做近似处理。在一个周期内，将时间划分为若干相等的 n 个时间段 Δt，在第 k 时间段取函数值 $f(t_k)$，用 $f(t_k)$ 与 Δt 的乘积作为从时间 t 到 $t+\Delta t$ 对函数 $f(t)$ 积分值的近似，将所有时间段的乘积求和，得到一个周期的积分。用这种处理方法将以上 4 式改写如下

$$U_{\mathrm{ef}}\approx\sqrt{\frac{1}{T}\sum_{k=1}^{n}u^{2}(t_k)\Delta t} \tag{2-38-5}$$

$$I_{\mathrm{ef}}\approx\sqrt{\frac{1}{T}\sum_{k=1}^{n}i^{2}(t_k)\Delta t} \tag{2-38-6}$$

$$U_{\mathrm{av}}\approx\frac{1}{T}\sum_{k=1}^{n}|u(t_k)|\Delta t \tag{2-38-7}$$

$$I_{av} \approx \frac{1}{T}\sum_{k=1}^{n} |i(t_k)| \Delta t \tag{2-38-8}$$

用示波器接在电路C的被测端口上，可观测到稳定的电压图像，如图2-38-1所示。

在图像的一个周期取足够多个坐标值，按式(2-38-5)做数值积分后，可计算出电压有效值，或按式(2-38-7)做数值积分，计算电压平均值。

若想观测电路C中某支路电流随时间变化的波形，可从该支路的电阻上取电压信号，如图2-38-2所示。如果被测支路中没有电阻元件，也可以将一个阻值非常小的电阻串入该支路，再从电阻上取电压信号，得到近似的波形。

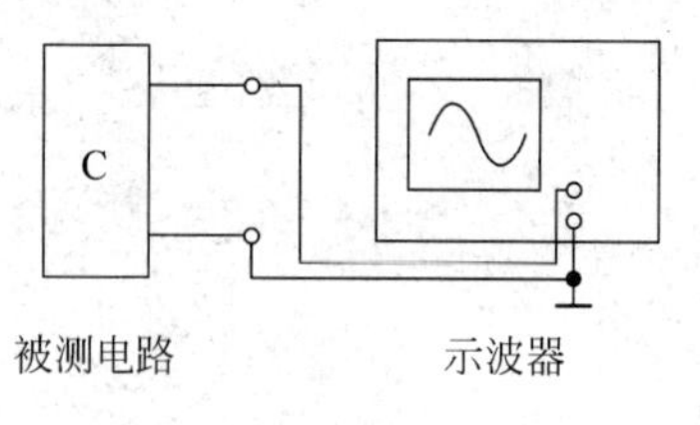

图2-38-1 观测电压信号

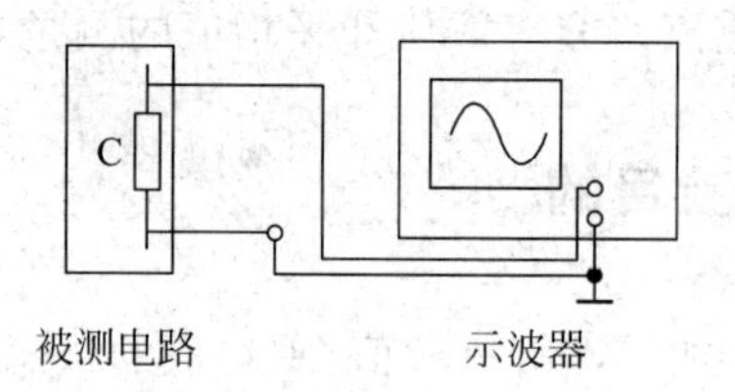

图2-38-2 观测电流信号

将电压曲线上的任意时刻t的电压值除以电阻阻值，得到该时刻的电流值，将电压曲线变换成电流曲线后，按式(2-38-6)做数值积分后，可计算出电流有效值；按式(2-38-8)做数值积分后，也可以计算出电流平均值。

三、实验仪器和器材

(1) 函数信号发生器。
(2) 示波器。
(3) 实验电路板。
(4) 半导体二极管。
(5) 电阻。
(6) 导线。

四、实验内容及步骤

(1) 测量正弦电压信号的有效值和平均值

将函数信号发生器的输出信号设置成$U_{pp}=6V$，$f=1kHz$的正弦波，用信号发生器代替图2-38-1中的电路C，从示波器上观测正弦电压信号。示波器横轴为时间轴，纵轴为电压轴。在一个周期内沿时间轴每隔50μs测量一个电压值，再将测量数据记入表2-38-1中，按式(2-38-5)计算正弦信号的电压有效值，按式(2-38-7)计算正弦信号的电压平均值。

表2-38-1 测量正弦信号的有效值和平均值

$t/\mu s$	0	50	100	150	200	250	300	350	400	450
u/V										
$t/\mu s$	500	550	600	650	700	750	800	850	900	950
u/V										

按设定参数及式(2-38-1)、式(2-38-3)计算电压有效值 U_{ef} 和平均值 U_{av} 的理论值，将理论值和测量值填入表2-38-2中，并进行比较。

表 2-38-2　测量值与理论值

	理论值	测量值	误差
U_{ef}/V			
U_{av}/V			

(2) 测量三角波的有效值和平均值

将函数信号发生器的输出信号设置成 $U_{pp}=6V$，$f=1kHz$ 的三角波，重复步骤1的测量过程，用测量值计算三角波的有效值和平均值并与理论值进行比较。

(3) 测量矩形波的有效值和平均值

将函数信号发生器的输出信号设置成 $U_{pp}=6V$，$f=1kHz$，占空比为20%的矩形波，重复步骤1的测量过程，用测量值计算三角波的有效值和平均值并与理论值进行比较。

(4) 测量锯齿波的有效值和平均值

将函数信号发生器的输出信号设置成 $U_{pp}=6V$，$f=1kHz$ 的锯齿波，重复步骤1的测量过程，用测量值计算三角波的有效值和平均值并与理论值进行比较。

五、选做实验

将函数信号发生器的输出信号设置成 $U_{pp}=6V$，$f=1kHz$ 的正弦波，半导体二极管D和电容 C 组成整流滤波电路，电阻 R 为负载，用示波器测量负载上的电压曲线，实验电路及电路参数如图2-38-3所示。用电压曲线计算负载两端电压的有效值和平均值。

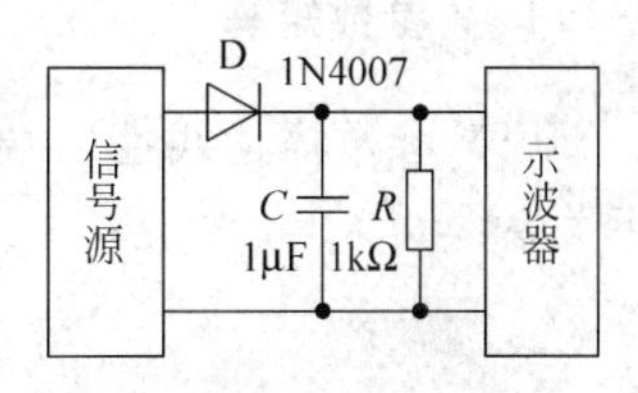

图 2-38-3　选做实验电路

六、思考题

哪些因素会产生测量误差？如何减小这些误差？

实验 39　二端口网络实验

在解决实际电路问题时，常遇到二端口问题，根据实际电路的特点可灵活选用 **Y**、**Z**、**T**(**A**)、**H** 等参数矩阵描述电路。本实验研究如何用实验的方法测量这些参数。

一、实验目的

(1) 学习测定二端口网络参数的方法。

(2) 通过实验研究二端口网络的特性及其等效电路。

二、原理

线性无源二端口网络如图 2-39-1 所示。可用 **Y**、**Z**、**T**(**A**)、**H** 等参数矩阵描述，各组参数可进行等效变换。

图 2-39-1　二端口网络模型

1. Y 参数矩阵

用 **Y** 参数描述线性二端口网络时，存在如下关系：

$$\begin{pmatrix}\dot{I}_1\\ \dot{I}_2\end{pmatrix}=\begin{pmatrix}Y_{11} & Y_{12}\\ Y_{21} & Y_{22}\end{pmatrix}\begin{pmatrix}\dot{U}_1\\ \dot{U}_2\end{pmatrix} \tag{2-39-1}$$

如果在端口 1-1′上施加电压$\dot{U}_1$，把端口 2-2′短路，则

$$Y_{11}=\left.\frac{\dot{I}_1}{\dot{U}_1}\right|_{\dot{U}_2=0} \tag{2-39-2}$$

$$Y_{21}=\left.\frac{\dot{I}_2}{\dot{U}_1}\right|_{\dot{U}_2=0} \tag{2-39-3}$$

如果在端口 2-2′上施加电压$\dot{U}_2$，把端口 1-1′短路，则

$$Y_{12}=\left.\frac{\dot{I}_1}{\dot{U}_2}\right|_{\dot{U}_1=0} \tag{2-39-4}$$

$$Y_{22}=\left.\frac{\dot{I}_2}{\dot{U}_2}\right|_{\dot{U}_1=0} \tag{2-39-5}$$

以上 4 个参数中只有 3 个独立，对于由线性 RLC 元件构成的二端口网络，有

$$Y_{12}=Y_{21} \tag{2-39-6}$$

2. Z参数矩阵

用 **Y** 参数描述线性二端口网络时，存在如下关系，即

$$\begin{pmatrix}\dot{U}_1\\ \dot{U}_2\end{pmatrix}=\begin{pmatrix}Z_{11} & Z_{12}\\ Z_{21} & Z_{22}\end{pmatrix}\begin{pmatrix}\dot{I}_1\\ \dot{I}_2\end{pmatrix} \tag{2-39-7}$$

如果将端口 2-2′ 开路，在端口 1-1′施加电流$\dot{I}_1$，则

$$Z_{11}=\left.\frac{\dot{U}_1}{\dot{I}_1}\right|_{\dot{I}_2=0} \tag{2-39-8}$$

$$Z_{21}=\left.\frac{\dot{U}_2}{\dot{I}_1}\right|_{\dot{I}_2=0} \tag{2-39-9}$$

如果将端口 1-1′开路，在端口 2-2′施加电流$\dot{I}_2$，则

$$Z_{12}=\left.\frac{\dot{U}_1}{\dot{I}_2}\right|_{\dot{I}_1=0} \tag{2-39-10}$$

$$Z_{22}=\left.\frac{\dot{U}_2}{\dot{I}_2}\right|_{\dot{I}_1=0} \tag{2-39-11}$$

以上 4 个参数中只有 3 个独立，对于线性 RLC 元件构成的二端口网络，有

$$Z_{12}=Z_{21} \tag{2-39-12}$$

3. T(A)参数矩阵

用 **T(A)** 参数描述线性无源二端口网络时，存在如下关系：

$$\begin{pmatrix}\dot{U}_1\\ \dot{I}_1\end{pmatrix}=\begin{pmatrix}A & B\\ C & D\end{pmatrix}\begin{pmatrix}\dot{U}_2\\ -\dot{I}_2\end{pmatrix} \tag{2-39-13}$$

将端口 2-2′开路，有

$$A=\left.\frac{\dot{U}_1}{\dot{U}_2}\right|_{\dot{I}_2=0} \tag{2-39-14}$$

$$C=\left.\frac{\dot{I}_1}{\dot{U}_2}\right|_{\dot{I}_2=0} \tag{2-39-15}$$

将端口 1-1′短路，有

$$B=\left.\frac{\dot{U}_1}{-\dot{I}_2}\right|_{\dot{U}_2=0} \tag{2-39-16}$$

$$D=\left.\frac{\dot{I}_1}{-\dot{I}_2}\right|_{\dot{U}_2=0} \tag{2-39-17}$$

以上 4 个参数中只有 3 个独立，对于线性 RLC 元件构成的二端口网络，有

$$AD-BC=1 \tag{2-39-18}$$

4. H参数矩阵

用 $\boldsymbol{H}$ 参数描述线性二端口网络时，存在如下关系：

$$\begin{pmatrix} \dot{U}_1 \\ \dot{I}_2 \end{pmatrix} = \begin{pmatrix} H_{11} & H_{12} \\ H_{21} & H_{22} \end{pmatrix} \begin{pmatrix} \dot{I}_1 \\ \dot{U}_2 \end{pmatrix} \tag{2-39-19}$$

将端口 2-2′短路，有

$$H_{11} = \left.\frac{\dot{U}_1}{\dot{I}_1}\right|_{\dot{U}_2=0} \tag{2-39-20}$$

$$H_{21} = \left.\frac{\dot{I}_2}{\dot{I}_1}\right|_{\dot{U}_2=0} \tag{2-39-21}$$

将端口 1-1′开路，有

$$H_{12} = \left.\frac{\dot{U}_1}{\dot{U}_2}\right|_{\dot{I}_1=0} \tag{2-39-22}$$

$$H_{22} = \left.\frac{\dot{I}_2}{\dot{U}_2}\right|_{\dot{I}_1=0} \tag{2-39-23}$$

以上 4 个参数中只有 3 个独立，对于线性 RLC 元件构成的二端口网络，有

$$H_{12} = -H_{21} \tag{2-39-24}$$

三、实验仪器和器材

(1) 直流稳压电源。
(2) 恒流源。
(3) 交、直流电压/电流表。
(4) 实验电路板。
(5) 电阻。
(6) 导线。

四、实验内容及步骤

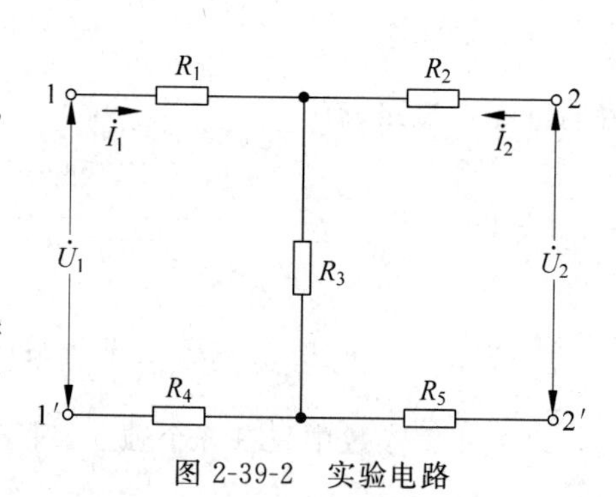

图 2-39-2 实验电路

实验电路如图 2-39-2 所示。取 $R_1=R_5=200\Omega$，$R_2=R_3=R_4=300\Omega$。

1. 测量 Y 参数

将端口 2-2′短路，取 $U_1=15\text{V}$，测量 I_1、I_2，并按式(2-39-2)、式(2-39-3)计算 Y_{11} 和 Y_{21}；将端口 1-1′短路，取 $U_2=15\text{V}$，测量 I_1、I_2，并按式(2-39-4)、

式(2-39-5)计算 Y_{12} 和 Y_{22}，填入表 2-39-1 中。

表 2-39-1　测定 Y 参数

$U_1=15V, U_2=0$				$U_1=0, U_2=15V$			
I_1/mA	I_2/mA	Y_{11}/S	Y_{21}/S	I_1/mA	I_2/mA	Y_{12}/S	Y_{22}/S

验证式(2-39-6)。

2. 测量 Z 参数

将端口 2-2′开路，取 $I_1=15mA$，测量 U_1、U_2，并按式(2-39-8)、式(2-39-9)计算 Z_{11} 和 Z_{21}；将端口 1-1′开路，取 $I_2=15mA$，测量 U_1、U_2，并按式(2-39-10)、式(2-39-11)计算 Z_{12} 和 Z_{22}，填入表 2-39-2 中。

表 2-39-2　测定 Z 参数

$I_1=15mA, I_2=0$				$I_1=0, I_2=15mA$			
U_1/V	U_2/V	Z_{11}/Ω	Z_{21}/Ω	U_1/V	U_2/V	Z_{12}/Ω	Z_{22}/Ω

验证式(2-39-12)。

3. 测量 T(A)参数

将端口 2-2′开路，取 $U_1=15V$，测量 U_2、I_1，并按式(2-39-14)、式(2-39-15)计算参数 A、C；将端口 2-2′短路，测量 I_1、I_2，并按式(2-39-16)、式(2-39-17)计算参数 B、D，填入表 2-39-3 中。

表 2-39-3　测定 T(A)参数

$I_2=0, U_1=15V$				$U_1=15V, U_2=0$			
U_2/V	I_1/mA	A	C/S	I_1/mA	I_2/mA	B/Ω	D

验证式(2-39-18)。

4. 测量 H 参数

将端口 2-2′短路，取 $I_1=15mA$，测量 U_1、I_2，并按式(2-39-20)、式(2-39-21)计算参数 H_{11}、H_{21}；将端口 1-1′开路，取 $U_2=15V$，测量 U_1、I_2，并按式(2-39-22)、式(2-39-23)计算参数 H_{12}、H_{22}，填入表 2-39-4 中。

表 2-39-4　测定 H 参数

$I_1=15V, U_2=0$				$I_1=0, U_2=15V$			
U_1/V	I_2/mA	H_{11}/Ω	H_{21}	U_1/V	I_2/mA	H_{12}	H_{22}/S

验证式(2-39-24)。

五、选做实验

用函数信号发生器提供正弦交流信号，取 $f=1\text{kHz}$，$U_{pp}=6\text{V}$ 测量 $\boldsymbol{Z}$ 参数，并验证式(2-39-12)，用示波器测量电压，注意用示波器不能直接测量电流，需要从电阻上测量电压，再换算成电流。

六、思考题

对于线性 RLC 元件构成的二端口网络，既可以用直流测量并计算二端口参数，又可以用交流测量。若不考虑测量误差，得到的参数是否一致？如果认为一致，请说明原因；如果认为不一致，请说明在什么特殊情况下参数一致或不可能有一致的情况。

实验 40　二端口电路连接实验

四端网络的两对端子满足端口条件时，称为二端口网络。二端口网络有不同的连接方式，本实验研究 3 种基本连接方式：级联、串联和并联。两个二端口网络连接后形成新的四端网络，新网络不一定满足端口条件。本实验用两个 T 形网络，连接前后均满足端口条件。

一、实验目的

（1）掌握二端口电路参数的测量方法。

（2）通过验证实验，加深理解二端口的级联、串联和并联。

二、原理

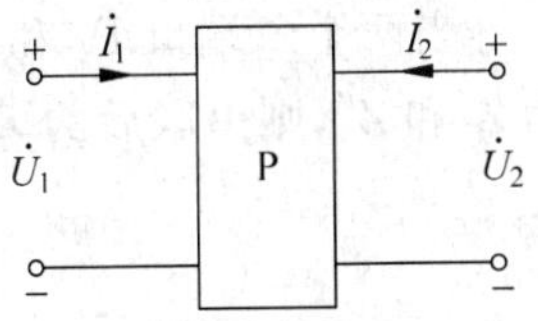

二端口电路如图 2-40-1 所示。

电路参数可写为矩阵形式

$$\begin{pmatrix}\dot{U}_1\\ \dot{U}_2\end{pmatrix}=\begin{pmatrix}Z_{11} & Z_{12}\\ Z_{21} & Z_{22}\end{pmatrix}\begin{pmatrix}\dot{I}_1\\ \dot{I}_2\end{pmatrix}$$

图 2-40-1　二端口电路

定义 $\boldsymbol{Z}$ 参数矩阵或开路阻抗矩阵为

$$\boldsymbol{Z}=\begin{pmatrix}Z_{11} & Z_{12}\\ Z_{21} & Z_{22}\end{pmatrix} \tag{2-40-1}$$

其中

$$Z_{11}=\left.\frac{\dot{U}_1}{\dot{I}_1}\right|_{\dot{I}_2=0},Z_{12}=\left.\frac{\dot{U}_1}{\dot{I}_2}\right|_{\dot{I}_1=0},Z_{21}=\left.\frac{\dot{U}_2}{\dot{I}_1}\right|_{\dot{I}_2=0},Z_{22}=\left.\frac{\dot{U}_2}{\dot{I}_2}\right|_{\dot{I}_1=0} \tag{2-40-2}$$

将电路参数写为

$$\begin{pmatrix}\dot{I}_1\\ \dot{I}_2\end{pmatrix}=\begin{pmatrix}Y_{11} & Y_{12}\\ Y_{21} & Y_{22}\end{pmatrix}\begin{pmatrix}\dot{U}_1\\ \dot{U}_2\end{pmatrix}$$

定义 $\boldsymbol{Y}$ 参数矩阵为

$$\boldsymbol{Y}=\begin{pmatrix}Y_{11} & Y_{12}\\ Y_{21} & Y_{22}\end{pmatrix} \tag{2-40-3}$$

其中

$$Y_{11}=\left.\frac{\dot{I}_1}{\dot{U}_1}\right|_{\dot{U}_2=0},Y_{12}=\left.\frac{\dot{I}_1}{\dot{U}_2}\right|_{\dot{U}_1=0},Y_{21}=\left.\frac{\dot{I}_2}{\dot{U}_1}\right|_{\dot{U}_2=0},Y_{22}=\left.\frac{\dot{I}_2}{\dot{U}_2}\right|_{\dot{U}_1=0} \tag{2-40-4}$$

将电路参数写为

$$\begin{pmatrix}\dot{U}_1\\ \dot{I}_1\end{pmatrix}=\begin{pmatrix}A & B\\ C & D\end{pmatrix}\begin{pmatrix}\dot{U}_2\\ -\dot{I}_2\end{pmatrix}$$

定义 $\boldsymbol{T}$ 参数矩阵为

$$\boldsymbol{T}=\begin{pmatrix}A & B\\ C & D\end{pmatrix} \tag{2-40-5}$$

其中

$$A=\left.\frac{\dot{U}_1}{\dot{U}_2}\right|_{\dot{I}_2=0},B=\left.\frac{\dot{U}_1}{-\dot{I}_2}\right|_{\dot{U}_2=0},C=\left.\frac{\dot{I}_1}{\dot{U}_2}\right|_{\dot{I}_2=0},D=\left.\frac{\dot{I}_1}{-\dot{I}_2}\right|_{\dot{U}_2=0} \tag{2-40-6}$$

两个二端口 P_1 和 P_2 以级联方式连接,如图 2-40-2 所示,各自的 $\boldsymbol{T}$ 参数矩阵分别为 $\boldsymbol{T}'$ 和 $\boldsymbol{T}''$,则级联后的 $\boldsymbol{T}$ 参数矩阵为

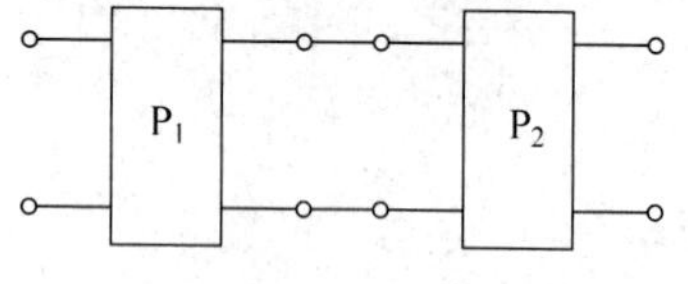

图 2-40-2 两个二端口级联

$$\boldsymbol{T}=\boldsymbol{T}'\boldsymbol{T}'' \tag{2-40-7}$$

当两个二端口 P_1 和 P_2 以并联形式连接时,如图 2-40-3 所示,各自的 $\boldsymbol{Y}$ 参数矩阵分别为 $\boldsymbol{Y}'$ 和 $\boldsymbol{Y}''$,则并联后的 $\boldsymbol{Y}$ 参数矩阵为

$$\boldsymbol{Y}=\boldsymbol{Y}'+\boldsymbol{Y}'' \tag{2-40-8}$$

当两个二端口 P_1 和 P_2 以串联形式连接时,如图 2-40-4 所示,各自的 $\boldsymbol{Z}$ 参数矩阵分别为 $\boldsymbol{Z}'$ 和 $\boldsymbol{Z}''$,则串联后的 $\boldsymbol{Z}$ 参数矩阵为

$$\boldsymbol{Z}=\boldsymbol{Z}'+\boldsymbol{Z}' \tag{2-40-9}$$

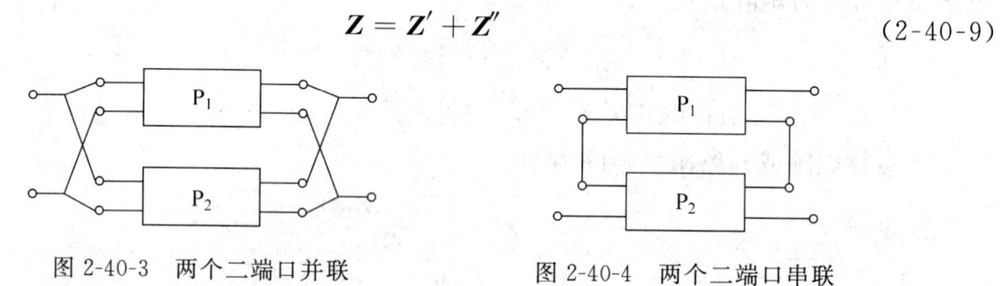

图 2-40-3 两个二端口并联　　图 2-40-4 两个二端口串联

三、实验仪器和器材

(1) 直流稳压电源。
(2) 恒流源。
(3) 交、直流电压/电流表。
(4) 实验电路板。
(5) 电阻。
(6) 导线。

四、实验内容及步骤

两个二端口电路 P_1 和 P_2 分别如图 2-40-5(a)、(b)所示。先测量每个二端口电路的参数,按测量值计算出两个二端口电路级联、串联和并联后的参数;然后将两个二端口电路用

这 3 种方式连接,分别测量电路参数;最后将测量值与计算值进行比较,验证公式。

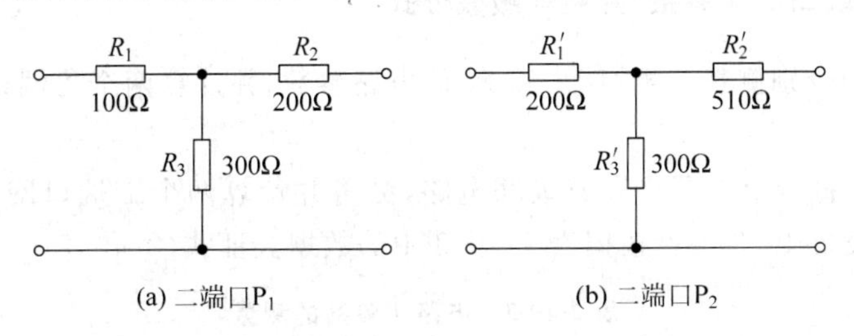

图 2-40-5　实验电路

1. 测定各二端口的 Z 参数,并验证串联公式

由于电路中只有直流电源和电阻,所以所有电路参数的虚部均为零,可直接测量得到电压值和电流值。

按式(2-40-2)分别测量二端口 P_1 和 P_2 的电路参数,并计算两个二端口的 $\boldsymbol{Z}$ 参数,填入表 2-40-1 中。

表 2-40-1　电路 Z 参数的测量

二端口	$I_1=15\text{mA},I_2=0$		$I_1=0,I_2=15\text{mA}$		Z_{11}/Ω	Z_{12}/Ω	Z_{21}/Ω	Z_{22}/Ω
	U_1/V	U_2/V	U_1/V	U_2/V				
P_1								
P_2								
串联								

将二端口 P_2 上下翻转后与 P_1 串联,如图 2-40-6 所示,测量并计算两个二端口网络串联后的 $\boldsymbol{Z}$ 参数,将数据填入表 2-40-1 中。根据表 2-40-1 中的数据验证式(2-40-9)。

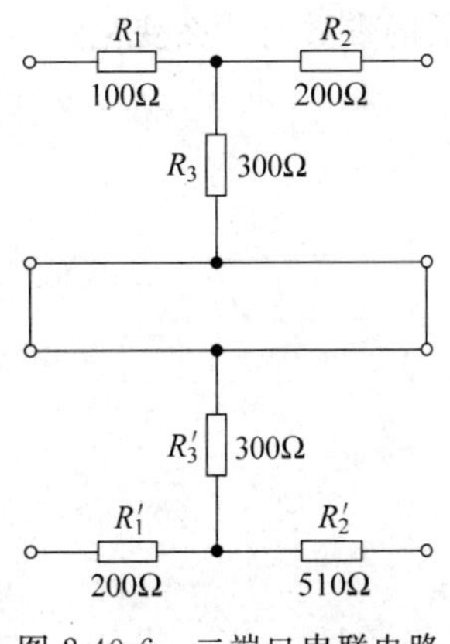

图 2-40-6　二端口串联电路

2. 测定各二端口的 Y 参数,并验证并联公式

按式(2-40-4)分别测量二端口 P_1 和 P_2 的电路参数,并计算两个二端口的 $\boldsymbol{Y}$ 参数,填入表 2-40-2 中。

按图 2-40-3 将两个二端口接成并联电路,测量并计算两个二端口网络并联后的 $\boldsymbol{Y}$ 参数,将数据填入表 2-40-2 中。根据表 2-40-2 中的数据验证式(2-40-8)。

表 2-40-2　电路 Y 参数的测量

二端口	$U_1=15\text{V},U_2=0$		$U_1=0,U_2=15\text{V}$		Y_{11}/S	Y_{12}/S	Y_{21}/S	Y_{22}/S
	I_1/mA	I_2/mA	I_1/mA	I_2/mA				
P_1								
P_2								
并联								

3. 测定各二端口的 T 参数，并验证级联公式

按式(2-40-6)分别测量二端口 P_1 和 P_2 的电路参数，并计算两个二端口的 **T** 参数，填入表 2-40-3 中。

按图 2-40-2 将两个二端口接成级联电路，测量并计算两个二端口网络并联后的 **T** 参数，将数据填入表 2-40-3 中。根据表 2-40-3 中的数据验证式(2-40-7)。

表 2-40-3 电路 *T* 参数的测量

二端口	$U_2=15\text{V}, I_2=0$		$U_2=0, I_2=-15\text{mA}$		A	B/Ω	C/S	D
	U_1/V	I_1/mA	U_1/V	I_1/mA				
P_1								
P_2								
级联								

五、选做实验

自拟 3 个二端口电路，推导级联公式，通过实验验证级联公式。

六、思考题

若将二端口 P_1 中的直流电压源换成正弦电压源，将二端口 P_2 中的直流电流源换成正弦电流源，两个二端口的 **Z** 参数矩阵、**Y** 参数矩阵和 **T** 参数矩阵各有什么变化？两个二端口连接后的参数有什么变化？

实验41　负阻抗变换器

利用负阻抗变换器可以将普通电阻变换成等值的负电阻，可以将电感和电容做等效变换，灵活使用这些变换，将有助于设计性能优异的单元电路。

一、实验目的

(1) 了解负阻抗变换器的结构和一些特征，扩展电路设计的思路。

(2) 学习如何用运算放大器构成负阻抗变换器及测量相关参数的方法。

二、原理

1. 负阻抗变换器的原理

如图 2-41-1 所示，虚线框中的电路为一个由运算放大器和两个等值电阻构成的电流倒置型负阻抗变换器。

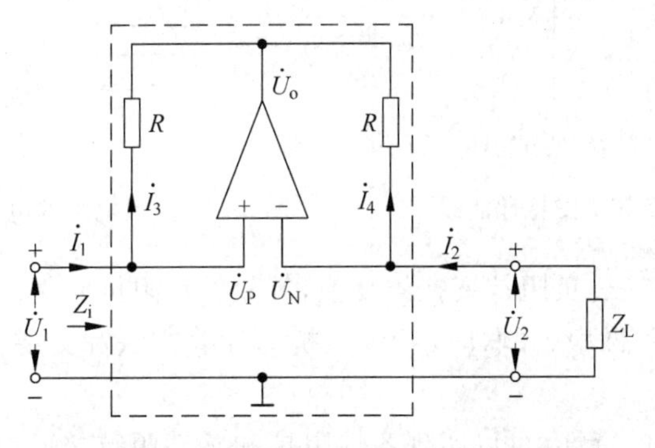

图 2-41-1　电流倒置型负阻抗变换器

设运算放大器是理想的，则正相输入端（"＋"）和倒相输入端（"－"）之间为虚短路，输入阻抗为无穷大，即

$$\dot{U}_P = \dot{U}_N \quad 及 \quad \dot{U}_1 = \dot{U}_2$$

运算放大器输出端电压为

$$\dot{U}_o = \dot{U}_1 - \dot{I}_3 R = \dot{U}_2 - \dot{I}_4 R$$

所以

$$\dot{I}_3 = \dot{I}_4$$

又因为

$$\dot{I}_1 = \dot{I}_3, \dot{I}_2 = \dot{I}_4$$

所以

$$\dot{I}_1 = \dot{I}_2$$

根据负载端电压和电流的参考方向，有

$$\dot{I}_2 = -\frac{\dot{U}_2}{Z_L}$$

因此，整个电路的输入阻抗为

$$Z_i = \frac{\dot{U}_1}{\dot{I}_1} = \frac{\dot{U}_2}{\dot{I}_2} = -Z_L \tag{2-41-1}$$

因此，负阻抗变换器具有将阻抗元件等效为等值负阻抗元件的特性。

2. 负阻抗变换器的特性

若图 2-41-1 中的负载 Z_L 为一个线性电阻元件，则通过负阻抗变换器就等效为一个负电阻元件，该负电阻用 $-R$ 表示，如图 2-41-2(a)所示，其伏安特性曲线为 u-i 平面内一条通过原点且位于Ⅱ、Ⅳ象限的直线，如图 2-41-2(b)所示。当输入电压为正弦信号时，输入电流与端电压相位相反，如图 2-41-3 所示。

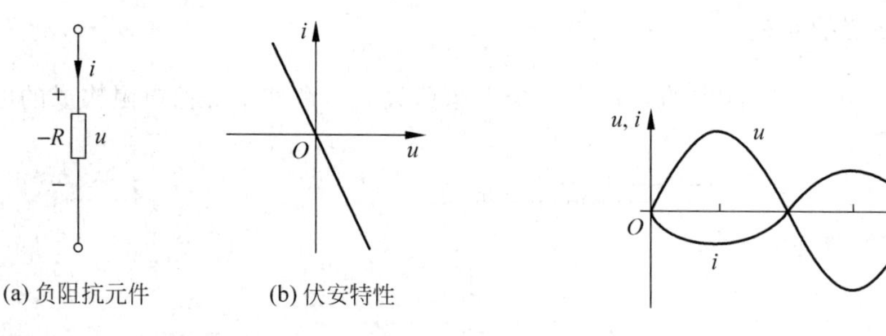

(a) 负阻抗元件　(b) 伏安特性

图 2-41-2　负电阻及其伏安特性曲线　　图 2-41-3　负电阻的电压波形和电流波形

具有阻抗 Z 的元件经过负阻抗变换器变换，等效的负阻抗元件 $-Z$ 和普通的无源电阻、电容、电感元件的阻抗 Z' 做串、并联时，等效阻抗的计算方法和无源元件做串、并联的计算公式相同。

根据负阻抗变换器的特性，可以实现容性阻抗和感性阻抗之间的相互变换。由线性电阻元件、电容元件、负阻抗变换器构成的模拟电感的电路示于图 2-41-4 中。

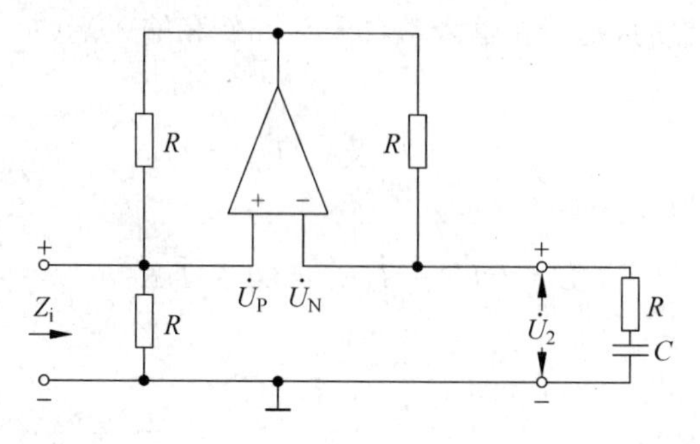

图 2-41-4　阻抗逆变器

等效阻抗 Z_i 可以视为电阻 R 与负阻抗元件相并联的结果，即

$$Z_i = \frac{-\left(R+\frac{1}{j\omega C}\right)R}{-\left(R+\frac{1}{j\omega C}\right)+R} = \frac{-R^2-\frac{R}{j\omega C}}{-\frac{1}{j\omega C}} = R + j\omega R^2 C$$

说明该电路可以等效为一个与频率无关的有损耗的电感元件，等效电感为

$$L' = R^2 C \tag{2-41-2}$$

同样，若将图 2-41-4 中的电容 C 换为电感 L，等效阻抗 Z_i 可以视为电阻 R 与负阻抗元件相并联的结果，即

$$Z_i = \frac{-(R+j\omega L)R}{-(R+j\omega L)+R} = \frac{-R^2-j\omega LR}{-j\omega L} = R + \frac{1}{j\omega \frac{L}{R^2}}$$

说明该电路可以等效为一个与频率无关的有损耗的电容元件，等效电容为

$$C' = \frac{L}{R^2} \tag{2-41-3}$$

三、实验仪器和器材

(1) 直流稳压电源。
(2) 运算放大器。
(3) 双踪示波器。
(4) 函数信号发生器。
(5) 交、直流电压/电流表。
(6) 电阻。
(7) 电容。
(8) 电感。
(9) 导线。

四、实验内容及步骤

1. 测量等效负电阻的伏安特性曲线

实验电路如图 2-41-5 所示，断开开关 S，取 $R_L = R = 200\Omega$，按表 2-41-1 中的电压值调整直流稳压电源的输出电压，测量相应的电流 I，填入表 2-41-1 中，并绘制伏安特性曲线。

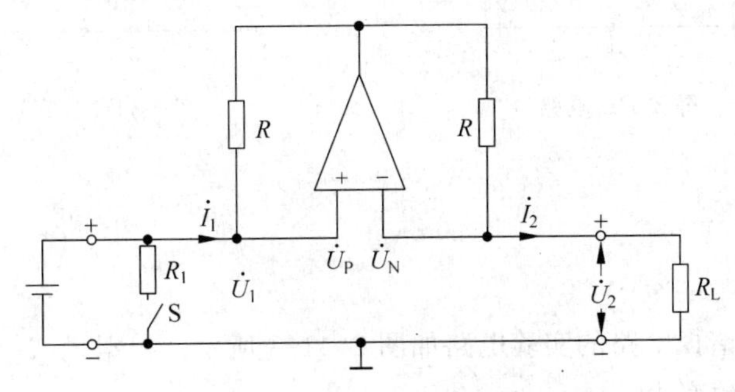

图 2-41-5　测量负电阻的实验电路

表 2-41-1 测量负阻抗

U_1/V	−3	−2	−1	−0.1	0.1	1	2	3
I_1/mA								

2. 验证并联公式

如图 2-41-5 所示，取 $R_1=1\text{k}\Omega$，闭合开关 S，$R_L=200\Omega$，将直流稳压电源的输出电压调至 2V，断开开关 S，测量电流 I_1，计算负电阻 R_2'；合上开关 S，测出相应的电流 I_2，计算等效电阻 R。验证电阻并联关系 $R=R_1 /\!/ R_2'$。

3. 观察电压波形与电流波形的相位关系

输入端加峰峰值 1V 的正弦电压，电路参数不变。用双踪示波器同时观察负阻抗元件的 u、i 波形，将电压波形和电流波形绘制在同一坐标系中。

观测电流曲线时，不能用示波器直接测量电流，只能在电路中串联一个 1Ω 的电阻，从电阻上测量电压，再换算成电流。

4. 观察等效一阶电路的过渡过程

1）等效 RL 电路

实验电路如图 2-41-6 所示，在 1-1′端加频率为 1kHz、峰峰值为 2V、占空比 50%的方波电压信号，在 2-2′端用示波器观察并绘制等效电感上的过渡过程曲线。

2）等效 RC 电路

将实验电路改为如图 2-41-7 所示的等效 RC 电路，在 1-1′端加频率为 1kHz、峰峰值为 2V、占空比 50%的方波电压信号，从 2-2′端观察并绘制等效电容上的过渡过程曲线。

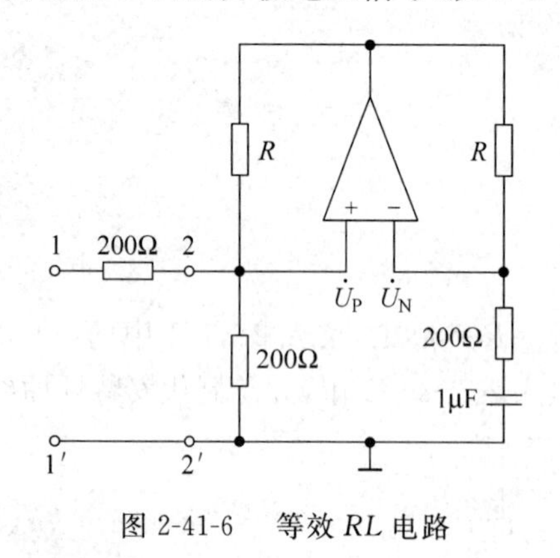

图 2-41-6 等效 RL 电路

图 2-41-7 等效 RC 电路

五、选做内容

等效 RLC 串联谐振电路的实验电路如图 2-41-8 所示。根据式(2-41-2)计算等效电感为 $L'=10\text{mH}$，谐振频率为

$$f_0 = \frac{1}{2\pi \sqrt{L'C_1}} = 15.9(\text{kHz})$$

将函数信号发生器的输出设置为峰峰值 1V 的正弦电压信号，用示波器观测 2-2′端的电压峰峰值 $U_{2\text{-}2'}$，调整正弦信号的频率，当 $U_{2\text{-}2'}$ 达到最大值时，电路处于谐振状态。

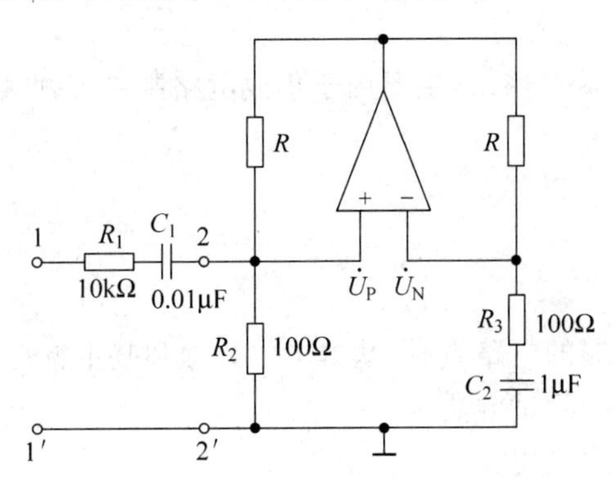

图 2-41-8　等效 *RLC* 串联谐振电路

注意事项

（1）运算放大器的直流电源不得接错，以免损坏运算放大器。

（2）函数信号发生器的输出不能过大，应由小到大，不得超过规定的数值以免运算放大器超出正常的工作范围，甚至损坏运算放大器。

（3）每次换接电路元件前，必须切断电源。

（4）用示波器观察和测量负阻值元件时，要考虑接地点的选择，注意正确判断电压 u 和电流 i 的相位关系。

六、思考题

在用电压表、电流表进行测量等效负阻值元件的伏安特性时，有哪些因素会引起测量误差？

实验42 回 转 器

回转器是一种有源二端口网络，主要用于集成电路制造等领域。在设计实用的电路中，可以作为单元电路使用。

一、实验目的

(1) 学习并掌握回转器的电路组成、基本工作原理和基本特性。

(2) 掌握回转器参数的测试方法。

(3) 了解回转器的典型应用。

二、原理

1. 理想回转器的电路模型

理想回转器是一个二端口网络，电路模型如图 2-42-1 所示。回转器可以将一个端口上的电压"回转"为另一个端口上的电流，用 **Y** 参数矩阵方程描述为

$$\begin{pmatrix} i_1 \\ i_2 \end{pmatrix} = \begin{pmatrix} 0 & g \\ -g & 0 \end{pmatrix} \begin{pmatrix} u_1 \\ u_2 \end{pmatrix} \tag{2-42-1}$$

式中 g 称为回转电导，具有电导量纲。

回转器也可以将一个端口上的电流"回转"为另一个端口上的电压，用 **Z** 参数矩阵方程描述为

$$\begin{pmatrix} u_1 \\ u_2 \end{pmatrix} = \begin{pmatrix} 0 & -r \\ r & 0 \end{pmatrix} \begin{pmatrix} i_1 \\ i_2 \end{pmatrix} \tag{2-42-2}$$

式中 r 称为回转电阻，具有电阻的量纲。

回转电导 g 和回转电阻 r 统称回转常数。

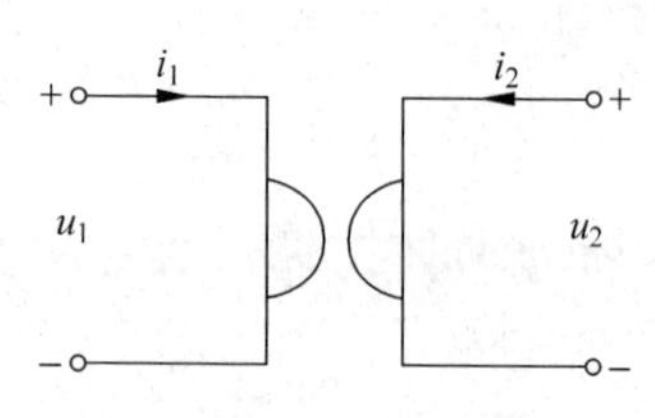

图 2-42-1 理想回转器

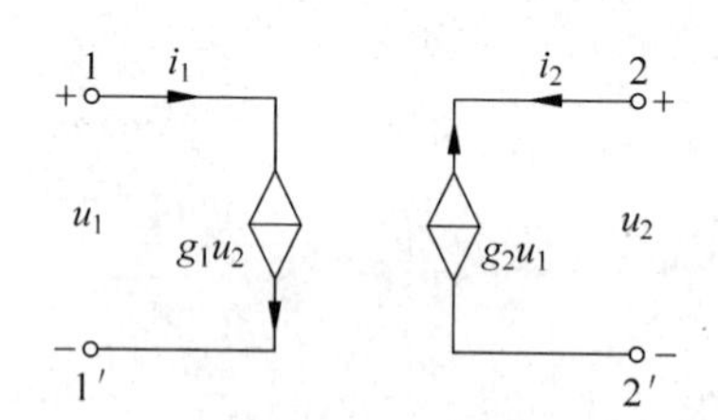

图 2-42-2 由两个 VCCS 构成的回转器

2. 实际回转器的构成及回转器常数的测试方法

回转器可以用两个电压控制电流源构成，如图 2-42-2 所示。

实际回转器的电路参数不可能完全对称，可以将 **Y** 参数矩阵方程改写为

$$\begin{pmatrix} i_1 \\ i_2 \end{pmatrix} = \begin{bmatrix} 0 & g_1 \\ -g_2 & 0 \end{bmatrix} \begin{pmatrix} u_1 \\ u_2 \end{pmatrix}$$

通常能做到 $g_1 \approx g_2$，为便于计算，取平均值做近似处理，即

$$\begin{aligned} g_1 &= i_1/u_2 \\ g_1 &= -i_2/u_1 \\ \bar{g} &= \frac{1}{2}(g_1 + g_2) \end{aligned} \tag{2-42-3}$$

回转器也可以用两个电流控制电压源构成，如图 2-42-3 所示。

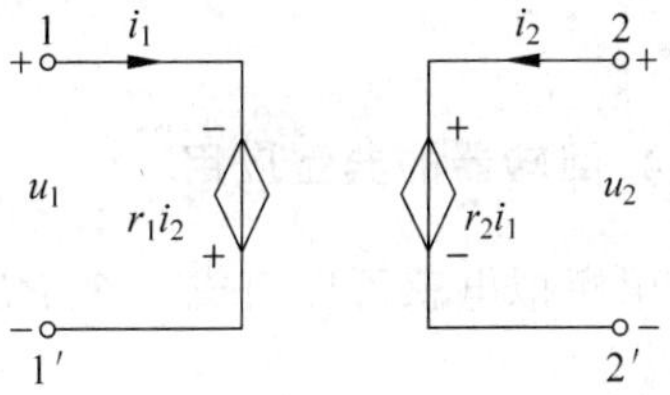

同样由于实际电路参数不可能完全对称，可以将 **Z** 参数矩阵方程改写为

$$\begin{pmatrix} u_1 \\ u_2 \end{pmatrix} = \begin{bmatrix} 0 & -r_1 \\ r_2 & 0 \end{bmatrix} \begin{pmatrix} i_1 \\ i_2 \end{pmatrix}$$

通常能做到 $r_1 \approx r_2$，为便于计算，取平均值做近似处理，即

图 2-42-3 由两个 CCVS 构成的回转器

$$\begin{aligned} r_1 &= -u_1/i_2 \\ r_2 &= u_2/i_1 \\ \bar{r} &= \frac{1}{2}(r_1 + r_2) \end{aligned} \tag{2-42-4}$$

测量 u_1、i_1、u_2、i_2 后，就可以计算出回转常数。

3. 回转器电路

由两个负阻抗变换器组成的回转器如图 2-42-4 所示，图中 Z_L 为回转器的负载。

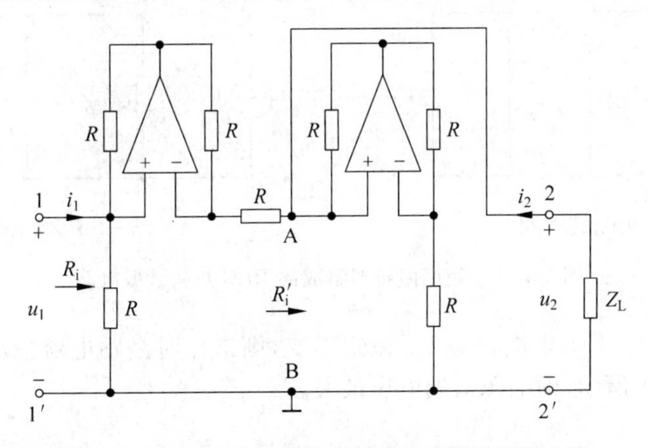

图 2-42-4 由两个负阻抗变换器构成的回转器电路

将负载变换到第二个负阻抗变换器的输入端，阻抗为

$$Z_{AB} = Z_L \mathbin{/\!/} (-R) = -\frac{RZ_L}{Z_L - R} \tag{2-42-5}$$

通过第一个负阻抗变换器的等效变换，回转器的输入阻抗为

$$Z_i = R \mathbin{/\!/} [-(Z_{AB}+R)] = \frac{R^2}{Z_L} \tag{2-42-6}$$

由此可见，回转器能将负载 Z_L 变换成 $Z_i=\frac{R^2}{Z_L}$ 的等效负载。

在集成电路生产中，制造电容比制造电感容易得多，通过回转器可以将电容等效成损耗小、电感量大的电感元件。

在正弦稳态电路中，令 $Z_L=\frac{1}{j\omega C}$，根据式(2-43-6)，有 $Z_i=j\omega R^2 C$，所以，等效电感为 $L=R^2C$。

4. 回转器的典型应用

用模拟电感可以组成一个 RLC 并联谐振电路，如图 2-42-5 所示，并联电路的幅频特性为

$$U(\omega)=\frac{1}{\sqrt{\frac{1}{R^2}+\left(\omega C-\frac{1}{\omega L}\right)^2}} \tag{2-42-7}$$

当电源角频率为

$$\omega=\omega_0=1/\sqrt{LC} \tag{2-42-8}$$

此时，电路发生并联谐振，并联电路的负载特性为纯电导 $G=\frac{1}{R}$，支路端电压与激励电流同相位，品质因数 Q 为

$$Q=\frac{I_C}{I}=\frac{I_L}{I}=\frac{\omega_0 C}{G}=\frac{1}{\omega_0 LG}=\frac{1}{G}\sqrt{\frac{C}{L}} \tag{2-42-9}$$

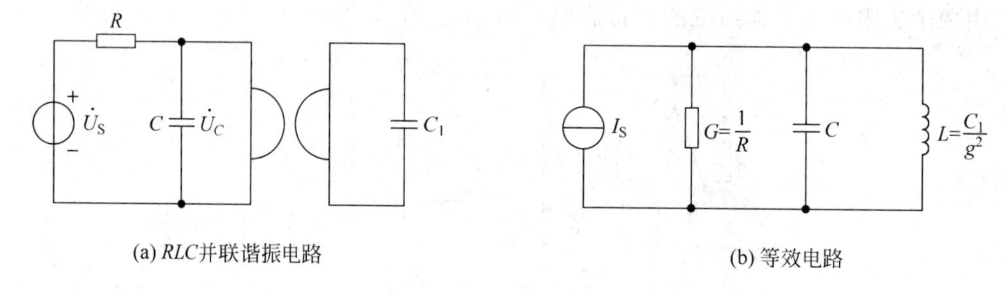

(a) RLC并联谐振电路　　(b) 等效电路

图 2-42-5　利用回转器组成的 RLC 并联谐振电路

若保持图 2-42-4(a) 中电压源 U_S 恒定不变，则谐振时激励电流最小；若用电流源激励，如图 2-42-4(b) 所示，则电源两端电压最大。

三、实验仪器和器材

(1) 函数信号发生器。
(2) 毫伏表或示波器。
(3) 实验电路板。

（4）运算放大器。
（5）电阻。
（6）电容。
（7）导线。

四、实验内容及步骤

1. 测量回转器的回转常数

实验电路如图 2-42-6 所示，取 $R=200\Omega$，$R_0=1\Omega$，R_L 分别取 300Ω 和 620Ω。

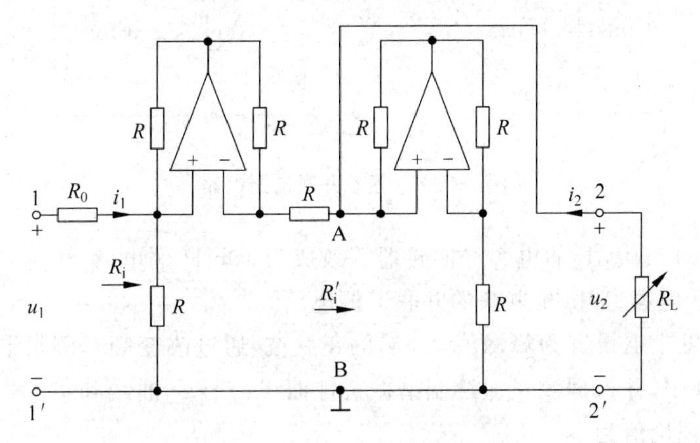

图 2-42-6　测量回转器电导的电路

将函数信号发生器设置成峰峰值 1V 的正弦波，频率分别为 1kHz 和 10kHz，接至回转器电路的 1-1′端，用毫伏表测量 u_1、u_2，测量 R_0 两端的电压，计算 i_1、i_2，填入表 2-42-1 中；计算回转常数，填入表 2-42-2 中。

表 2-42-1　回转常数测量数据

f/kHz	R_L/Ω	u_1/V	i_1/mA	u_2/V	i_2/mA
1.000	300				
	620				
10.000	300				
	620				

表 2-42-2　回转常数计算值

f/kHz	R_L/Ω	g_1/S	g_2/S	$\bar{g}$/S	r_1/Ω	r_2/Ω	$\bar{r}$/Ω
1.000	300						
	620						
10.000	300						
	620						

2. 测量等效并联谐振电路的特性

实验电路如图 2-42-7 所示。图中电阻 $R=1\text{k}\Omega$。

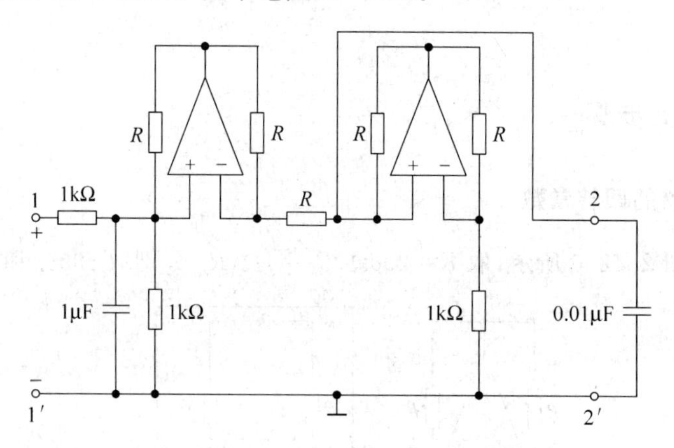

图 2-42-7 等效并联谐振电路

接在 2-2′端的 0.01μF 的电容经回转器等效成为 10mH 的电感，于是，实验电路等效成为 1kΩ 电阻、1μF 电容、10mH 电感的并联谐振电路。

将函数信号发生器设置为峰峰值 0.5V 的正弦波，通过改变频率测量谐振特性，将测量值记于表 2-42-3 中，并根据测量值绘制谐振特性曲线（$f \sim u_C$ 曲线和 $f \sim i_1$ 曲线）。

谐振频率的理论值为

$$f_0 = \frac{1}{2\pi\sqrt{LC}}$$

将实测谐振频率与理论值进行比较，分析误差来源。

表 2-42-3 谐振特性实测数据

f/kHz									
u_C/V									
i_1/μA									

注意事项

(1) 改变电路前必须切断电源。

(2) 在用模拟电感做并联谐振实验时，注意随时用示波器监视回转器的端口电压，若出现非正弦波，应排除故障后再继续做实验。

(3) 根据实验数据在同一坐标平面上描绘出不同 Q 值的并联谐振幅频特性 $U_C(\omega)$，并进行分析。

五、选做实验

用回转器可以将电容等效成电感。自拟实验电路，测量等效电感的电感量，并与理论值进行比较。

六、思考题

用回转器和电容等效一个实际电感，要求 $L=2\,000\text{mH}$，电感线圈的等效直流电阻 $r=500\Omega$，试设计一组可以实现的电路参数。

参 考 文 献

1 邱关源. 电路(第四版). 北京: 高等教育出版社,1999
2 陈同占,吴北玲,养雪琴,张梅. 电路基础实验. 北京: 清华大学出版社,北方交通大学出版社,2003
3 路勇. 电子电路实验及仿真. 北京: 清华大学出版社,北方交通大学出版社,2004
4 常向荣,庞大勇. 电工原理实验. 天津: 天津教育出版社,1992
5 张英敏,陈彬兵. 电路与电工测量基础实验. 北京: 电子工业出版社,2004
6 马秀娟,胡屏. 电工电子实践教程. 哈尔滨: 哈尔滨工业大学出版社,2004
7 王久和,李春云,苏进. 电工电子实验教程. 北京: 人民邮电出版社,2004
8 孙肖子,田根登,徐少莹,李要伟. 现代电子线路和技术实验简明教程. 北京: 高等教育出版社,2004
9 付家才. 电工实验与实践. 北京: 高等教育出版社,2004
10 褚南峰,田丽鸿. 电工技术实验及课程设计. 北京: 中国电力出版社,2005
11 张廷锋,李春茂. 电工学实践教程. 北京: 清华大学出版社,2006
12 潘礼庆. 电路与电子技术实验教程. 北京: 科学出版社,2006
13 清华大学电机系电工学教研组集体编写. 电工技术与电子技术实验指导. 北京: 清华大学出版社,2004
14 潘岚. 电路与电子技术实验教程. 北京: 高等教育出版社,2005
15 王勤,余定鑫等. 电路实验与实践. 北京: 高等教育出版社,2004
16 宁超. 电工基础实验指导书. 北京: 高等教育出版社,1986
17 吕如良,沈汉昌,陆慧君,郭文华. 电工手册(第四版). 上海: 上海科学技术出版社,2004
18 林宗燔,卢蕉人. 现代电子电工手册. 福建: 福建科学技术出版社,1998
19 TFG 2000 系列 DDS 函数信号发生器用户使用指南. 石家庄: 石家庄市无线电四厂,石家庄数英电子科技有限公司,2004
20 KENWOOD CS-4125A/CS-4135A 示波器说明书
21 DH1718 型系列双路跟踪稳流稳压电源技术说明书. 北京: 国营大华无线电仪器厂,1990.
22 D26-A、V、W 型安培表·伏特表·瓦特表. 上海: 上海第二电表厂,1991.
23 D34-W 型低功率因数瓦特表. 上海: 上海第二电表厂,1991.
24 VC97 系列数字万用表使用说明书. 深圳: 深圳市胜利高电子科技有限公司

教师反馈表

感谢您购买本书！清华大学出版社计算机与信息分社专心致力于为广大院校电子信息类及相关专业师生提供优质的教学用书及辅助教学资源。

我们十分重视对广大教师的服务，如果您确认将本书作为指定教材，请您务必填好以下表格并经系主任签字盖章后寄回我们的联系地址，我们将免费向您提供有关本书的其他教学资源。

<table>
<tr><td>您需要教辅的教材：</td><td colspan="3"></td></tr>
<tr><td>您的姓名：</td><td colspan="3"></td></tr>
<tr><td>院系：</td><td colspan="3"></td></tr>
<tr><td>院/校：</td><td colspan="3"></td></tr>
<tr><td>您所教的课程名称：</td><td colspan="3"></td></tr>
<tr><td>学生人数/所在年级：</td><td colspan="3">________人/　1　2　3　4　硕士　博士</td></tr>
<tr><td>学时/学期</td><td colspan="3">________学时/________学期</td></tr>
<tr><td>您目前采用的教材：</td><td colspan="3">作者：________
书名：________
出版社：________</td></tr>
<tr><td>您准备何时用此书授课：</td><td colspan="3"></td></tr>
<tr><td>通信地址：</td><td colspan="3"></td></tr>
<tr><td>邮政编码：</td><td></td><td>联系电话</td><td></td></tr>
<tr><td>E-mail：</td><td colspan="3"></td></tr>
<tr><td colspan="2">您对本书的意见/建议：</td><td colspan="2">系主任签字

盖章</td></tr>
</table>

我们的联系地址：

清华大学出版社　学研大厦 A602，A604 室

邮编：100084

Tel：010-62770175-4409，3208

Fax：010-62770278

E-mail：liuli@tup.tsinghua.edu.cn；hanbh@tup.tsinghua.edu.cn